水电厂安全教育培训教材

参建施工人员分册

李华　李少春　孔繁臣　编

中国电力出版社
CHINA ELECTRIC POWER PRESS

内 容 提 要

《水电厂安全教育培训教材》针对水电厂各类人员量身定做，内容紧密结合现场安全工作实际，突出岗位特色，明确各岗位安全职责，将安全教育与日常工作结合在一起，巧妙地将安全常识、安全规定、安全工作、事故案例结合起来。员工通过本教材的学习，能达到增强安全意识，提高安全技能的目的。本册为《参建施工人员分册》，主要内容包括通用安全知识和技能与各工种安全知识和技能，其中各工种安全知识和技能包括电工、电焊工、架子工、爆破工、混凝土工、起重工、钢筋工、灌浆工、汽车驾驶员、施工机械操作人员、冷冻机工、模板工、钻工、施工机械修理工（含汽车）、金属防腐工（含油漆工）、金属结构安装工、金属结构制作工等安全知识和技能。

本套教材是水电厂消除基层安全工作中的薄弱环节，开展安全教育培训的首选教材，也可供水电厂各级安全监督人员及相关人员学习参考。

图书在版编目（CIP）数据

水电厂安全教育培训教材. 参建施工人员分册/李华，李少春，孔繁臣编. —北京：中国电力出版社，2017.1（2017.5 重印）

ISBN 978-7-5198-0036-9

Ⅰ. ①水… Ⅱ. ①李… ②李… ③孔… Ⅲ. ①水力发电站—安全生产—生产管理—技术培训—教材 Ⅳ. ①TV73

中国版本图书馆CIP数据核字（2016）第277978号

中国电力出版社出版、发行

（北京市东城区北京站西街19号 100005 http://www.cepp.sgcc.com.cn）

北京博图彩色印刷有限公司印刷

各地新华书店经售

*

2017年1月第一版 2017年5月北京第二次印刷

850毫米×1168毫米 32开本 5.75印张 127千字

印数 2001–3500 册 定价**29.00**元

#《水电厂安全教育培训教材》

编委会

主　编　李　华

副主编　王永潭　李建华　张　涛　吕　田　李幼胜

编　委　王　涛　宋绪国　吴冀杭　高国庆　李少春
罗　涛　李　显　王吉康　刘争臻　靳永卫
袁冰峰　邓亚新　李海涛　夏书生　高　辉
曹南华　张铁峰　孔令杰　徐　桅　王考考
蒋明君　王　宁　董飞燕　张建伟　王　健
顾希明　刘立军　高俊波　付　强　孔繁臣
刘亚莲　王振羽　孟继慧　王景忠

前 言

FOREWORD

随着近年来水电行业的快速发展，水电建设的步伐逐年加快，对水电人才的需求也逐步增多，这对水电企业的安全教育培训提出了更高的要求。为了进一步提高水电企业的安全教育培训质量，充分发挥安全教育培训在安全责任落实、安全文化落地、人员素质提升等方面的作用，特组织行业专家编写本套《水电厂安全教育培训教材》。

本套教材共分为 5 个分册，包括《新员工分册》《现场生产人员分册》《生产单位管理人员分册》《基建单位管理人员分册》《参建施工人员分册》。

本套教材针对水电厂各类人员量身定做，适用于生产和基建单位新入职人员、一线员工和各级管理人员，内容紧密结合现场安全工作实际，突出岗位特色，明确各岗位应掌握的安全知识和应具备的安全技能，将安全教育与日常工作结合在一起，巧妙地将安全常识、安全规定、安全工作、事故案例等结合起来。通过分阶段、分岗位、分专业的系统性培训，全面提升各级生产人员的安全知识储备和安全技能积累。

本册为《参建施工人员分册》，主要内容包括通用安全知识和技能与各工种安全知识和技能，其中各工种安全知识和技能包括电工、电焊工、架子工、爆破工、混凝土工、起重工、钢筋工、灌浆工、汽车驾驶员、施工机械操作人员、冷冻机工、模板工、钻工、施工机械修理工（含汽车）、金属防腐工（含油漆工）、金属结构安装工、金属结构制作工等安全知识和技能。参加本册编写的人员有李华、王永潭、宋绪国、高国庆、李少春、罗涛、李显、王吉康、靳永卫、邓亚新、刘立军、高俊波、付强、刘亚莲、孔繁臣、王振羽、孟继慧、王景忠。

本套教材是水电厂消除基层安全工作中的薄弱环节，开展安全教育培训的首选教材，也可供水电厂各级安全监督人员及相关人员学习参考。

由于编写时间仓促，本套教材难免存在疏漏之处，恳请各位专家和读者提出宝贵意见，使之不断完善。

编者

目录
CONTENTS

前言

第一章　通用安全知识和技能

第一节　通用安全知识……2
一、作业人员的基本条件……2
二、安全文明施工要求……2
三、特种作业人员安全知识……4
四、安全电压……5
五、现场应急处置常识……6
第二节　通用安全技能……7
一、高处作业安全技能……7
二、梯子使用安全技能……10
三、起重作业安全技能……12
四、机械设备维护安全技能……13
五、一般工具使用安全技能……14
六、电气工具和用具使用安全技能……16
七、消防安全技能……19

第二章　各工种安全知识和技能

第一节　电工安全知识和技能……22

一、电工应掌握的安全知识……22
二、电工应具备的安全技能……26
第二节　电焊工安全知识和技能……30
一、电焊工应掌握的安全知识……30
二、电焊工应具备的安全技能……34
第三节　架子工安全知识和技能……42
一、架子工应掌握的安全知识……42
二、架子工应具备的安全技能……45
第四节　爆破工安全知识和技能……50
一、爆破工应掌握的安全知识……50
二、爆破工应具备的安全技能……57
第五节　混凝土工安全知识和技能……60
一、混凝土工应掌握的安全知识……60
二、混凝土工应具备的安全技能……62
第六节　起重工安全知识和技能……77
一、起重工应掌握的安全知识……77
二、起重工应具备的安全技能……81
第七节　钢筋工安全知识和技能……84
一、钢筋工应掌握的安全知识……84
二、钢筋工应具备的安全技能……87
第八节　灌浆工安全知识和技能……95
一、灌浆工应掌握的安全知识……95
二、灌浆工应具备的安全技能……100
第九节　汽车驾驶员安全知识和技能……102
一、汽车驾驶员应掌握的安全知识……102

二、汽车驾驶员应具备的安全技能……107
第十节　施工机械操作人员安全知识和技能……109
一、施工机械操作人员应掌握的安全知识……109
二、施工机械操作人员应具备的安全技能……116
第十一节　冷冻机工安全知识和技能……120
一、冷冻机工应掌握的安全知识……120
二、冷冻机工应具备的安全技能……122
第十二节　模板工安全知识和技能……123
一、模板工应掌握的安全知识……123
二、模板工应具备的安全技能……128
第十三节　钻工安全知识和技能……134
一、钻工应掌握的安全知识……134
二、钻工应具备的安全技能……139
第十四节　施工机械修理工（含汽车）安全知识和技能……145
一、施工机械修理工（含汽车）应掌握的安全知识……145
二、施工机械修理工（含汽车）应具备的安全技能……147
第十五节　金属防腐工（含油漆工）安全知识和技能……151
一、金属防腐工（含油漆工）应掌握的安全知识……151

二、金属防腐工（含油漆工）应具备的安全技能……154
第十六节 金属结构安装工安全知识和技能……156
一、金属结构安装工应掌握的安全知识……156
二、金属结构安装工应具备的安全技能……159
第十七节 金属结构制作工安全知识和技能……165
一、金属结构制作工应掌握的安全知识……165
二、金属结构制作工应具备的安全技能……168
附录 引用标准

第一章
通用安全知识和技能

第一节 通用安全知识

一、作业人员的基本条件

（1）经医师鉴定，无妨碍工作的病症。

（2）具备必要的相关知识和业务技能。

（3）具备必要的安全生产知识，学会紧急救护法。

（4）特种作业人员应持证上岗。

（5）进入作业现场应正确佩戴安全帽。

二、安全文明施工要求

（1）上下班应按规定的道路行走，注意各种警示标志和信号，遵守交通规则。

（2）施工人员身体不得碰及运行设备的转动部件，保持与带电设备的安全距离。

（3）施工人员的工作服不应有可能被转动的机器绞住的部分。工作时应穿着工作服，衣服和袖口应扣好。禁止戴围巾和穿长衣服。工作服禁止使用尼龙、化纤或棉与化纤混纺的衣料制作，以防工作服遇火燃烧加重烧伤程度。施工人员进入生产现场禁止穿拖鞋、凉鞋、高跟鞋，禁止女性施工人员穿裙子。辫子、长发应盘在工作帽内。做接触高温物体的工作时，应戴手套和穿专用的防护工作服。

（4）施工现场应保持清洁完整。

（5）施工现场应备有带盖的铁箱，以便放置擦拭材料（抹布和棉纱头等），用过的擦拭材料应另放在废棉纱箱内，含有毒有害工业油品的废弃擦拭材料，应设置专用箱收集，定期清除。

（6）不得在有毒、粉尘施工现场进食、饮水。

（7）任何人员进入施工现场前不得饮酒。

三、特种作业人员安全知识

（1）特种作业人员，应当符合下列条件：

1）年满18周岁，且不超过国家法定退休年龄。

2）经社区或者县级以上医疗机构体检健康合格，并无妨碍从事相应特种作业的器质性心脏病、癫痫病、美尼尔氏症、眩晕症、癔病、震颤麻痹症、精神病、痴呆症以及其他疾病和生理缺陷。

3）具有初中及以上文化程度。

4）具备必要的安全技术知识与技能。

5）相应特种作业规定的其他条件。

（2）特种作业人员必须经专门的安全技术培训并考核合格，取得《中华人民共和国特种作业操作证》（以下简称特种作业操作证）后，方可上岗作业。

（3）特种作业人员的安全技术培训、考核、发证、复审工作实行统一监管、分级实施、教考分离的原则。

（4）国家安全生产监督管理总局（以下简称安全监管总局）指导、监督全国特种作业人员的安全技术培训、考核、发证、复审工作；省、自治区、直辖市人民政府安全生产监督管理部门负责本行政区域特种作业人员的安全技术培训、考核、发证、复审工作。特种作业人员应当接受与其所从事的特种作业相应的安全技术理论培训和实际操作培训。已经取得职业高中、技工学校及中专以上学历的毕业生从事与其所学专业相应的特种作业，持学历证明经考核发证机关同意，可以免予相关专业的培训。

（5）特种作业人员的考核包括考试和审核两部分。考试由考核发证机关或其委托的单位负责；审核由考核发证机关负责。

（6）特种作业操作证每三年复审一次。特种作业人员在特种作业操作证有效期内，连续从事本工种 10 年以上，严格遵守有关安全生产法律法规的，经原考核发证机关或者从业所在地考核发证机关同意，特种作业操作证的复审时间可以延长至每六年一次。

（7）特种作业操作证申请复审或者延期复审前，特种作业人员应当参加必要的安全培训并考试合格。安全培训时间不少于 8 个学时，主要培训法律、法规、标准、事故案例和有关新工艺、新技术、新装备等知识。申请延期复审的，经复审合格后，由考核发证机关重新颁发特种作业操作证。

（8）特种作业人员伪造、涂改特种作业操作证或者使用伪造的特种作业操作证的，给予警告，并处 1000 元以上 5000 元以下的罚款。特种作业人员转借、转让、冒用特种作业操作证的，给予警告，并处 2000 元以上 10000 元以下的罚款。

四、安全电压

（1）安全电压是指 50V 以下特定电源供电的电压系列。安全电压是为防止触电事故而采用的 50V 以下特定电源供电的电压系列，分为42V、36V、24V、12V和6V五个等级，根据不同的作业条件，选用不同的安全电压等级。建筑施工现场常用的安全电压有12V、24V、36V。

（2）特殊场所必须采用电压照明供电。以下特殊场所必须采用安全电压照明供电：

1）室内灯具离地面低于2.4m，手持照明灯具，一般潮湿作业场所（地下室、潮湿室内、潮湿楼梯、隧道、人防工程以及有高温、导电灰尘等）的照明，电源电压应不大于36V。

2）在潮湿和易触及带电体场所的照明电源电压，应不大于24V。

3）在特别潮湿的场所，锅炉或金属容器内，导电良好的地面使用手持照明灯具等，照明电源电压不得大于12V。

五、现场应急处置常识

（1）各施工现场应有逃生路线的标示，各类作业人员应熟悉现场逃生路线，发生紧急情况应按逃生路线有序撤离。

（2）紧急救护的基本原则是在现场采取积极措施，保护伤员的生命，减轻伤情，减少痛苦，并根据伤情需要，迅速与医疗急救中心（医疗部门）联系救治。急救成功的关键是动作快，操作正确。任何拖延和操作错误都会导致伤员伤情加重或死亡。

（3）心肺复苏法步骤：判断意识、高声呼救、畅通呼吸道、人工呼吸、胸外心脏按压。

第二节　通用安全技能

一、高处作业安全技能

（1）凡在坠落高于基准面 2m 及以上的高处进行的作业，都应视作高处作业。凡能在地面上预先做好的工作，都应在地面上完成，尽量减少高处作业。

（2）凡参加高处作业的人员，应每年进行一次体检。担任高处作业人员应身体健康。患有精神病、癫痫病及经医师鉴定患有高血压、心脏病等不宜从事高处作业病症的人员，不准参加高处作业。凡发现作业人员有饮酒、精神不振时，禁止登高处作业。

（3）高处作业均应先搭设脚手架、使用高空作业车、升降平台或采取其他防止坠落措施，方可进行。

（4）在坝顶、陡坡、屋顶、悬崖、杆塔、吊桥以及其他危险的边沿进行工作，临空一面应装设安全网或防护栏杆，否则，作业人员应使用安全带。

（5）峭壁、陡坡的场地或人行道上的冰雪、碎石、泥土须经常清理，靠外面一侧应设1200mm高的栏杆。在栏杆内侧设180mm高的侧板，以防坠物伤人。

（6）在没有脚手架或者在没有栏杆的脚手架上工作，高度超过1.5m时，应使用安全带，或采取其他可靠的安全措施。

（7）安全带和专用固定安全带的绳索在使用前应进行外观检查。

（8）在电焊作业或其他有火花、熔融源等场所使用的安全带或安全绳应有隔热防磨套。

（9）安全带的挂钩或绳子应挂在结实牢固的构件上，或专为挂安全带用的钢丝绳上，并不得低挂高用。禁止挂在移动或不牢固的物件上。

（10）高处作业人员应衣着灵便，穿软底鞋，并正确佩戴个人防护用具。

（11）高处作业人员在作业过程中，应随时检查安全带是否拴牢。高处作业人员在移动作业位置时不得失去保护。水平移动时，应使用水平绳或增设临时扶手，移动频繁时，宜使用双钩安全带。垂直转移时，宜使用安全自锁装置或速差自控器。

（12）上下脚手架应走斜道或梯子，作业人员不得沿脚手杆或栏杆等攀爬。

（13）高处作业应一律使用工具袋。较大的工具应用绳拴在牢固的构件上，工件、边角余料应放置在牢靠的地方或用铁丝扣牢并有防止坠落的措施，不准随便乱放，以防止从高处坠落发生事故。

（14）在进行高处作业时，除有关人员外，不准他人在工作地点的下面通行或逗留，工作地点下面应有围栏或装设其他保护装置，防止落物伤人。如在格栅式的平台上工作，为了防止工具和器材掉落，应采取有效隔离措施，如铺设木板等。

（15）不准将工具及材料向下投掷，要用绳系牢后往下或往上吊送，以免打伤下方作业人员或击毁脚手架。

（16）上下层同时进行工作时，中间应搭设严密牢固的防护隔板、罩棚或其他隔离设施。

（17）当高处行走区域不能够装设防护栏杆时，应设置1050mm高的安全水平扶绳，且每隔2m应设一个固定支撑点。

（18）高处作业区周围的孔洞、沟道等应设盖板、安全网或围栏并有固定其位置的措施。同时应设置安全标志，夜间还应设红灯示警。

（19）因作业需要，临时拆除或变动安全防护设施时，应经作业负责人同意，并采取相应的可靠措施，作业后应立即恢复。

（20）在5级及以上的大风以及暴雨、打雷、大雾等恶劣天气下，应停止露天高处作业。

（21）禁止登在不坚固的结构上（如彩钢板屋顶）进行工作。为了防止误登，应在这种结构的显著点挂上标示牌。

二、梯子使用安全技能

（1）在短时间内可以完成工作，可使用梯子，但梯子应坚固完整。梯子应指定专人管理。使用前应进行检查，且应及时修理，以保持完整。

（2）梯子的支柱须能承受作业人员携带工具攀登时的总重量。梯子的横木应嵌在支柱上，不准使用钉子钉成的梯子。梯阶的距离不应大于40cm。

（3）在梯子上工作时，梯子与地面的斜角度为60°左右。作业人员应登在距梯顶不少于1m的梯磴上工作。

（4）需将两个梯子连接使用前，应用金属卡子接紧，或用铁丝绑接牢固。

（5）在工作前应把梯子安置稳固，不可使其动摇或倾斜过度。在水泥或光滑坚硬的地面上使用梯子时，其下端应安置橡胶套或橡胶布，同时应用绳索将梯子下端与固定物缚住。

（6）在木板或泥土上使用梯子时，其下端应装有带尖头的金属物，同时应用绳索将梯子下端与固定物缚住。

（7）靠在管子上使用的梯子，其上端应有挂钩或用绳索缚住。

（8）若已采用上述方法仍不能使梯子稳固时，可派人扶着，以防梯子下端滑动，但应做好防止落物打伤下面人员的安全措施。

（9）人字梯应具有坚固的铰链和限制开度的拉链。

（10）不准把梯子架设在木箱等不稳固的支持物上或容易滑动的物体上使用。

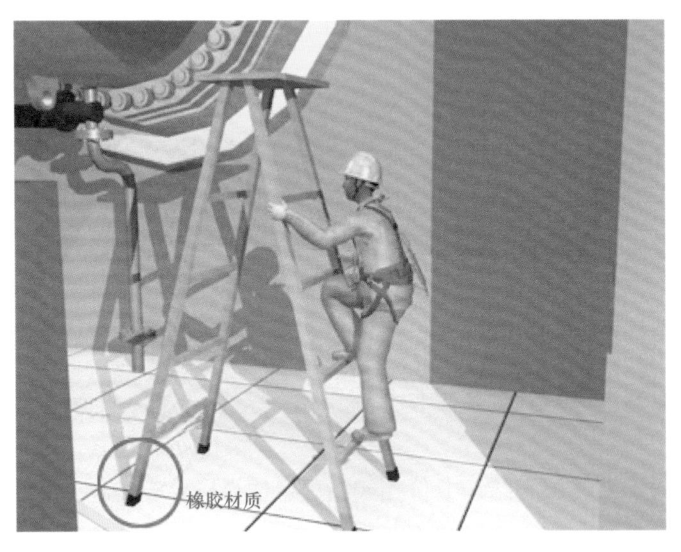

（11）在通道上使用梯子时，应设监护人或设置临时围栏。梯子不准放在门前使用，有必要时，应采取防止门突然开启的措施。

（12）人在梯子上时，禁止移动梯子。

（13）在转动部分附近使用梯子时，为了避免机械转动部分突然卷住作业人员的衣服，应在梯子与机械转动部分之间临时设置薄板或金属网防护。

（14）在梯子上工作时应使用工具袋；物件应用绳子传递，不准从梯子上或梯下互相抛递。

（15）禁止在悬吊式的脚手架上搭放梯子进行工作。

（16）使用软梯前，应由工作负责人进行检查，并清除软梯上方山崖上的风化危石。

（17）软梯的架设应指定专人负责或由使用者亲自架设。禁止未经批准的人员攀登软梯和进行软梯的架设工作。

（18）在软梯上只准一个人工作。在软梯上工作的人员，衣着应灵便，并应使用安全带，带工具袋。

（19）在户外变电站和高压室内搬动梯子、管子等长物，应两人放倒搬运，并与带电部分保持足够的安全距离。

（20）在变、配电站（开关站）的带电区域内或临近带电线路处，禁止使用金属梯子。

三、起重作业安全技能

（1）在楼板和结构上打孔或在规定地点以外安装起重滑车或堆放重物等，应事先经过工程项目单位有关技术部门的审核许可。规定放置重物及安装滑车的地点应标以明显的标记（标出界限和荷重限度）。

（2）禁止利用任何管道、栏杆、脚手架悬吊重物和起吊设备。

（3）严禁人员在吊物下通过和停留。

（4）施工现场内外工作场所的井、坑、孔、洞或沟道，应覆以与地面齐平的坚固的盖板。在检修工作中如需将盖板取下，应设临时围栏。临时打的孔、洞，施工结束后，应恢复原状。

（5）所有升降口、大小孔洞、楼梯和平台，应装设不低于1050mm高的栏杆和不低于100mm高的护板，施工人员不得任意改动。

（6）所有楼梯、平台、通道、栏杆都应保持完整，铁板应铺设牢固，施工人员不得随意移动。

（7）施工现场设备、材料堆放应整齐、有序，标识应清楚，不妨碍通行。门口、通道、楼梯和平台等处，不准放置杂物，以免阻碍通行。电缆及管道不应敷设在经常有人通行的地板上，以免妨碍通行。地板上临时放有容易使人绊跌的物件（如钢丝绳等）时，应设置明显的警告标志。地面有灰浆泥污，应及时清除，以防滑跌。

（8）工作场所的照明，应该保证足够的亮度。此外，施工人员要备有相当数量的手电筒，以便必要时使用。

四、机械设备维护安全技能

（1）机器的转动部分应装有防护罩或其他防护设备（如栅栏），露出的轴端应设有护盖，以防绞卷衣服。禁止在机器转动时，从联轴器（靠背轮）和齿轮上取下防护罩或其他防护设备。

（2）对于正在转动中的机器，不准装卸和校正皮带，或直接用手往皮带上撒松香等物品。

（3）不得靠在安全防护栏杆、防护罩上，以及在皮带机上休息。

（4）在机器完全停止以前，不准进行修理工作。修理中的机器应做好防止转动的安全措施，如切断电源（电动机的开关、刀闸或熔丝应拉开，开关操作电源的熔丝也应取下）、气源、水源、油源，所有有关闸板、阀门等应关闭，上述地点都应挂上安全标示牌。必要时还应采取可靠的制动措施。施工人员在工作前，应对上述安全措施进行检查，确认无误后，方可开始工作。

（5）禁止在运行中清扫、擦拭和润滑机器的旋转和移动的部分，以及把手伸入栅栏内。清拭运转中机器的固定部分时，不准把抹布缠在手上或手指上使用。只有在转动部分对作业人员没有危险时，方可允许用长嘴油壶或油枪往油盅和轴承里加油。

（6）禁止在栏杆上、管道上、联轴器（靠背轮）上、安全罩上或运行中设备的轴承上行走或坐立，如必须在管道上坐立才能工作时，应做好安全措施。

五、一般工具使用安全技能

（1）使用工具前应进行检查，机具应按其出厂说明书和铭牌的规定使用，禁止使用已变形、已破损或有故障的机具。

（2）大锤和手锤的锤头应完整，其表面应光滑微凸，不得有歪斜、缺口、凹入及裂纹等缺陷。大锤及手锤的柄应用整根的硬木制成，不准用大木料劈开制作；木柄应装设牢固，并将头部用楔栓固定。锤柄上不可有油污。不准戴手套或用单手抡大锤，周围不准有人靠近。狭窄区域，使用大锤应注意周围环境，避免返击力伤人。

（3）用凿子凿坚硬或脆性物体时（如生铁、生铜、水泥等），应戴防护眼镜，必要时装设安全遮栏，以防碎片打伤旁人。凿子被锤击部分有伤痕不平整、有油污等，不准使用。

（4）锉刀、手锯、木钻、螺丝刀等的手柄应安装牢固，没有手柄的不准使用。

（5）使用射钉枪、压接枪等爆发性工具时，严禁将枪口对人，同时应严格遵守说明书的规定和爆破的有关规定。

（6）砂轮应进行定期检查。砂轮应无裂纹及其他不良情况。砂轮应装有用钢板制成的防护罩，其强度应保证当砂轮碎裂时挡住碎块。防护罩至少要把砂轮上半部罩住。禁止使用没有防护罩的砂轮（特殊工作需要的手提式小型砂轮除外）。砂轮机的防护罩应完整。

1）应经常调节防护罩的可调护板，使可调护板和砂轮间的距离不大于 1.6mm。

2）应随时调节工件托架已补偿砂轮的磨损，使工件托架和砂轮间的距离不大于 2mm。

3）使用砂轮研磨时，应戴防护眼镜或装设防护玻璃。用砂轮磨工具时应使火星向下。不准用砂轮的侧面研磨。

4）无齿锯应符合上述各项规定。使用时操作人员应站在锯片的侧面，锯片应缓慢地靠近被锯物件，不准用力过猛。

（7）砂轮机的旋转方向不准正对其他机器、设备。

（8）安装砂轮片时，砂轮片与两侧板之间应加柔软的垫片，禁止猛击螺帽。

（9）砂轮片有缺损或裂纹者禁止使用，其工作转速应与砂轮机的转速相符。

（10）砂轮片的有效半径磨损到原半径的 1/3 时应更换。

六、电气工具和用具使用安全技能

（1）电气工具和用具应由专人保管，每六个月应由电气试验单位进行定期检查；使用前应检查电线是否完好，有无接地线；不合格的不准使用；使用时应按有关规定接好剩余电流动作保护器（漏电保护器）和接地线；使用中发生故障，应立即修复。

（2）不熟悉电气工具和用具使用方法的作业人员不准擅自使用电气工具和用具。

（3）使用带金属外壳的电气工具时应戴绝缘手套。

（4）使用电气工具时，不准提着电气工具的导线或转动部分。在梯子上使用电气工具时，应做好防止感电坠落的安全措施。在使用电气工具工作中，因故离开工作场所或暂时停止工作以及遇到临时停电时，应立即切断电源。

（5）用压杆压电钻时，压杆应与电钻垂直；如压杆的一端插在固定体中，压杆的固定点应十分牢固。

（6）使用行灯应注意下列事项：

1）手持行灯电压不准超过 36V。在特别潮湿或周围均属金属导体的地方工作时，如在蜗壳、钢管、尾水管、油槽、油罐以及其他金属容器或水箱等内部，行灯的电压不准超过 12V。

2）行灯电源应由携带式或固定式的隔离变压器供给，变压器不准放在蜗壳、钢管、尾水管、油槽、油罐等金属容器的内部。

3）携带式行灯变压器的高压侧，应带插头，低压侧带插座，并采用两种不能互相插入的插头。

4）行灯变压器的外壳应有良好的接地线，高压侧宜使用单相两级带接地插头。

（7）电动的工具、机具应接地或接零良好。

（8）电气工具和用具的电线不准接触热体，不准放在湿地上，并避免载重车辆和重物压在电线上。

（9）移动式电动机械和手持电动工具的单相电源线应使用三芯软橡胶电缆；三相电源线在三相四线制系统中应使用四芯软橡胶电缆，在三相五线制系统中宜使用五芯软橡胶电缆。连接电动机械及电动工具的电气回路应单独设开关或插座，并装设剩余电流动作保护器（漏电保护器），金属外壳应接地；电动工具应做到“一机一闸一保护”。

（10）长期停用或新领用的电动工具应找电工用 500V 的绝缘电阻表测量其绝缘电阻，如带电部件与外壳之间的绝缘电阻值达不到 2MΩ，应进行维修处理。对正常使用的电动工具也应对绝缘电阻进行定期测量、检查。

（11）电动工具的电气部分经维修后，应找电工进行绝缘电阻测量及绝缘耐压试验。试验电压参见 GB 3787—2006《手持式电动工具的管理、使用、检查和维修安全技术规程》中的相关规定，试验时间为 1min。

（12）在一般作业场所（包括金属构架上）工作，应使用Ⅱ类电动工具（带绝缘外壳的工具）。在潮湿或含有酸类的场地上，以及在金属容器、压力管道内工作应使用 24V 及以下电动工具，否则应使用带绝缘外壳的工具，并装设额定动作电流不大于 10mA、一般型（无延时）的剩余电流动作保护器（漏电保护器），剩余电流动作保护器（漏电保护器）、电源连接器和控制箱等应放在容器外面、宽敞、干燥的场所，且应设专人在外不间断地监护。电动工具的开关应设在监护人伸手可及的地方。

七、消防安全技能

（1）施工现场及仓库应备有必要的消防设备和器材，并应定期检查和试验，保证随时可用。严禁将消防器材移作他用。禁止放置杂物妨碍消防设施、工具的使用。

（2）禁止在工作场所存储易燃物品，例如汽油、煤油、酒精等。

（3）使用可燃物品（如乙炔、氢气、油类、瓦斯等）的人员，应熟悉这些材料的特性及防火防爆规定。

（4）施工现场内外的电缆，在进入控制室、电缆夹层、控制柜、开关柜等处的电缆孔洞，应用防火材料严密封闭。

（5）易燃、易爆等危险场所严禁吸烟和明火作业。

第二章
各工种安全知识和技能

第一节 电工安全知识和技能

一、电工应掌握的安全知识

1. 作业安全知识

（1）安装、巡检、维修或拆除临时用电设备和线路，必须由电工完成，并应有人监护。电工等级应同工程的难易程度和技术复杂性相适应。

（2）作业人员应服装整齐，扎紧袖口，头戴安全帽，脚穿绝缘胶鞋，手带干燥线手套，不得赤脚赤膊作业，不得戴金属丝的眼镜，不得用金属制的腰带和金属制的工具套。

（3）作业前，应检查安全防护用具。验电器、绝缘手套、短路地线、绝缘靴等应符合要求。

（4）维护电工作业时，应有两人一起参加，其中一人操作，另一人监护。

（5）常用小工具（如验电笔、钳子、电工刀、螺丝刀、扳手等）应放置于电工专用工具袋中并经常检查，使用时应遵守以下要求：

1）随身佩戴，注意保护。

2）按功能正确使用工具；钳子、扳手不许当榔头用。

3）使用电工刀时，刀口不可对人；螺丝刀不得用铁柄或穿心柄的。

4）应经常检查工具的绝缘部分，如有损伤，不能保证绝缘性能时，不得用于带电操作，并应及时修理或更换。

（6）工具袋应合适，背带应牢固，出现漏孔时应及时更换。

（7）修换灯头或开关时，应将电源断开。

（8）设备安装完毕，应对设备及接线仔细检查，确认无问题后方可合闸试运转。

（9）安装电动机时，应检查绝缘电阻合格，转动灵活，零部件齐全，同时应安装接地线。

（10）拖拉电缆应在停电情况下进行。

（11）停电作业时，应首先拉开断路器，再拉开隔离开关，取走熔断器后，悬挂“禁止合闸，有人工作”的警示标志，并留人监护。

（12）在有灰尘或潮湿低洼的地方敷设电线，应采用电缆，如用橡皮线则须装于胶管中或铁管内。

（13）拆除不用的电气设备，不应放在露天或潮湿的地方，应拆洗干净入库保管，以保证绝缘良好。

（14）进户线或屋内电线穿墙时应用瓷管、塑料管。

（15）敷设在电线管内的电线，不得有接头。

（16）经常移动和潮湿的地方（如廊道）使用的电灯软线应采用双芯橡皮绝缘或塑料绝缘软线，并经常检查绝缘情况。

（17）临时炸药库、油库的电线，应用没有接头的电线，严禁把架空明线直接引进库房。库内不得装设断路器或熔断丝等易发生火花的电气元件；库内照明应用防爆灯。

（18）熔丝或熔片不得削细削窄使用，也不应随意组合和多股使用，更不应使用铜（铝）导线代替熔丝或者熔片。

（19）操作高压设备的断路器和隔离开关时，应戴绝缘手套，并设专人监护。

（20）40kW 以上电动机，进行试运转时，应配有测量仪表和保护装置。一个电源开关不得同时试验两台以上的电气设备。

（21）电气设备试验时，应有接地。电气耐压作业，应穿绝缘靴戴绝缘手套，并设专人监护。

（22）试验电气设备或器具时，应设围栏并挂上“止步，高压危险”的警示标志，并设专人看守。

（23）耐压结束，断开试验电源后，应先对地放电，然后方能拆除接线。

（24）准备试验的电气设备，在未作耐压试验前，应先用绝缘电阻表测量绝缘电阻，绝缘电阻不合格者严禁试验。

（25）施工机械设备的电气部分，应由专职电工维护管理，非电气作业人员不得任意拆、卸、装、修。

2. 作业安全风险

（1）作业环境风险。

在水利水电施工过程中，电工在日常作业时主要存在以下作业环境风险：

1）易燃易爆环境风险：电工在存有乙炔、氧气瓶或汽油等易燃易爆环境中电气作业时，若稍有不慎产生火花，易发生火灾、爆炸事故。

2）潮湿环境风险：电气设备、电线等在潮湿环境中易发生漏电事故，电工在进行电气作业时如不正常着装，不穿绝缘鞋、不戴绝缘手套，或不站在绝缘台上，均易发生触电事故。

3）粉尘危害风险：地下厂房施工若没有采取良好的通风措施，未采取降尘措施，粉尘浓度偏高，空气质量差，若电工在电气作业时未佩戴或不正确佩戴防尘口罩，易受粉尘危害，长期下去会导致尘肺病。

（2）作业工序及相应风险。

1）触电伤害风险：由于电工的日常工作均与电有关，因此稍有不慎就可能发生触电事故。

2）高处坠落风险：电工在高处进行电气作业时，若作业区未做好安全防护措施或防护措施不到位，以及电工本身没有做好自我保护措施，均易发生高处坠落事故。

3）其他伤害风险：水利水电施工现场复杂，作业环境差，电工在电气作业时易发生绊倒、滑倒事故。

（3）常见违章风险分析。

电工在进行电气作业时，出现不戴绝缘手套、不穿绝缘鞋、袖口宽松不扎紧等不正确着装情况；维护电工作业时，单人操作，未安排监护人等；带电作业时，未安排监护人或未按规定悬挂相应的安全警示牌等；高处作业不系挂安全带等，均易发生事故。

二、电工应具备的安全技能

（1）施工用电一般要求：

1）采用的电气设备应符合现行国家标准的规定，并应有合格证件，设备应有铭牌。

2）使用中的电气设备应保持完好的工作状态，严禁带故障运行。

3）电气设备不得超铭牌运行。

4）固定式电气设备应标志齐全。

（2）动力配电箱与照明配电箱宜分别设置，如合置在同一配电箱内，动力和照明线路应分别设置。

（3）配电箱及开关箱安装使用应符合以下要求：

1）配电箱、开关箱及漏电保护开关的配置应实行“三级配电，两级保护”，配电箱内电器设置应按“一机一闸一漏”原则设置。

2）配电箱与开关箱的距离不得超过30m；开关箱与其控制的固定式用电设备的水平距离不宜超过3m。

3）配电箱、开关箱应装设在干燥、通风及常温场所；不得装设在有严重损伤作用的瓦斯、烟气、蒸汽、液体及其他有害介质环境中，不得装设在易受外来固体物撞击、强烈振动，液体浸溅及热源烘烤的场所。

4）配电箱、开关箱周围应有足够两人同时工作的空间和通道。不得堆放任何妨碍操作、维修的物品；不得有灌木、杂草。

5）配电箱、开关箱应采用铁板和优质绝缘材料制作，安装于坚固的支架上。

6）配电箱、开关箱内的开关电器（含插座）应选用合格产品，并按规定的位置安装在电器安装板上，不得歪斜和松动。

7）配电箱、开关箱内的工作零线应通过接线端子板连接，并应与保护零线接线端子板分设。

8）配电箱、开关箱内的连接线应采用绝缘导线，接头不得松动，不得有外露带电部分。

9）配电箱和开关箱的金属箱体、金属电器安装板以及箱内电器不应带电金属底座、外壳等应保护接零。保护零线应通过接线端子板连接。

10）配电箱、开关箱应防雨、防尘和防砸。

（4）总配电箱应设置总隔离开关和分路隔离开关、总熔断器和分路熔断器（或总自动开关和分路自动开关），以及漏电保护器。总开关电器的额定值、动作整定值应与分路开关电器的额定值、动作整定值相适应。总配电箱应装设电压表、总电流表、总电度表及其他仪表。

（5）严禁用同一个开关电器直接控制二台及以上用电设备（含插座）。

（6）开关箱中应装设漏电保护器，漏电保护器的装设应符合以下要求：

1）漏电保护器应装设在配电箱电源隔离开关的负荷侧和开关箱电源隔离开关的负荷侧。

2）漏电保护器的选择应符合《漏电电流动作保护器剩余电流动作保护器》的要求。

3）总配电箱和开关箱中两级漏电保护器的额定漏电动作电流和额定漏电动作时间应作合理配合，使之具有分级分段保护的功能。

4）漏电保护器应按产品说明书安装、使用和维护。

（7）各种开关电器的额定值应与其控制用电设备的额定值相适应，手动开关电器只许用于直接控制照明电路的容量不大于5.5kW的动力电路，容量大于5.5kW的动力电路应采用自动开关电器或降压启动装置控制。

（8）配电箱、开关箱中导线的进线口和出线口应设在箱体的下底面，严禁设在箱体的上顶面、侧面、后面或箱门处。移动式配电箱和开关箱的进、出线应采用橡皮绝缘电缆。进、出线应加护套分路成束并做防水弯，导线束不得与箱体进、出口直接接触。

（9）配电箱、开关箱的使用与维护，应符合下列要求：

1）所有配电箱均应标明其名称、用途，做出分路标记，并应由专人负责。

2）所有配电箱、开关箱应每月进行检查和维修一次。

3）所有配电箱、开关箱的使用应遵守下述操作顺序：

送电操作顺序为：总配电箱——分配电箱——开关箱。

停电操作顺序为：开关箱——分配电箱——总配电箱（出现电气故障的紧急情况除外）。

4）施工现场停止作业一小时以上时，应将动力开关箱断电上锁。

5）配电箱、开关箱内不得放置任何杂物，并应经常保持整洁；更换熔断器的熔体时，严禁用不符合原规格的熔体代替。

6）配电箱、开关箱的进线和出线不得承受外力。严禁与金属尖锐断口和强腐蚀介质接触。

（10）现场照明宜采用高光效、长寿命的照明光源。对需要大面积照明的场所，宜采用高压汞灯、高压钠灯或混光用的卤钨灯。

照明器具选择应符合下列要求：

1）正常湿度时，选用开启式照明器。

2）潮湿或特别潮湿的场所，应选用密闭型防水防尘照明器或配有防水灯头的开启式照明器。

3）含有大量尘埃但无爆炸和火灾危险的场所，应采用防尘型照明器。

4）对有爆炸和火灾危险的场所，应按危险场所等级选择相应的防爆型照明器。

5）在振动较大的场所，应选用防振型照明器。

6）对有酸碱等强腐蚀的场所，应采用耐酸碱型照明器。

7）照明器具和器材的质量均应符合有关标准、规范的规定，不得使用绝缘老化或破损的器具和器材。

（11）一般场所宜选用额定电压为220V的照明器，特殊场所应使用安全电压照明器。

（12）使用行灯应符合下列要求：

1）电源电压不超过36V。

2）灯体与手柄应坚固、绝缘良好并耐热耐潮湿。

3）灯头与灯体结合牢固，灯头无开关。

4）灯泡外部有金属保护网。

5）金属网、反光罩、悬吊挂钩固定在灯具的绝缘部位上。

（13）照明变压器应使用双绕组型，严禁使用自耦变压器。

（14）携带式变压器的一次侧电源引线应采用橡皮护套电缆或塑料护套软线。其中绿/黄双色线作保护零线用，中间不得有接头，长度不宜超过3m，电源插销应选用有接地触头的插销。

（15）地下工程作业、夜间施工或自然采光差等场所，应设一般照明、局部照明或混合照明，并应装设自备电源的应急照明。

第二节 电焊工安全知识和技能

一、电焊工应掌握的安全知识

1. 作业安全知识

（1）焊接作业人员应持证上岗。

（2）焊工应戴防尘（电焊尘）口罩，穿帆布工作服、工作鞋，戴工作帽、手套，上衣不得扎在裤子里。口袋应有遮盖，脚面应有鞋罩，以免焊接时被烧伤。

（3）不准使用有缺陷的焊接工具和设备。

（4）不准在带有压力（液体压力或气体压力）的设备上或带电的设备上进行焊接。

（5）禁止在装有易燃物品的容器上或在油漆未干的构件或其他物体上进行焊接。

（6）禁止在储有易燃易爆物品的房间内进行焊接。在易燃易爆材料附近进行焊接时，其最小水平距离不得小于 5m，并根据现场情况，采取安全可靠措施（用围屏或阻燃材料遮盖）。

（7）存有残余油脂或可燃液体的容器，应打开盖子，清理干净；存有残余易燃易爆物品的容器，应先用水蒸气吹洗，或用热碱水冲洗干净，并将其盖口打开，方可焊接。

（8）风力超过 5 级时禁止露天进行焊接或气割。风力在 5 级以下、3 级以上进行露天焊接或气割时，应搭设挡风屏以防火星飞溅引起火灾。

（9）雨雪天气不可露天进行焊接或切割工作。如必须进行焊接时，应采取防雨雪的措施。

（10）在可能引起火灾的场所附近进行焊接工作时，应备有必要的消防器材。

（11）进行焊接工作时，应设有防止金属熔渣飞溅、掉落引起火灾的措施以及防止烫伤、触电、爆炸等措施。焊接人员离开现场前，应检查并确认现场无火种留下。

（12）在蜗壳、钢管、尾水管、油箱、油槽以及其他金属容器内进行焊接工作，应有下列防止触电的措施：

1）电焊时焊工应避免与铁件接触，要站立在橡胶绝缘垫上或穿橡胶绝缘鞋，并穿干燥的工作服。

2）容器外面应设有可看见和听见焊工工作的监护人，并应设有开关，以便根据焊工的信号切断电源。

3）应设通风装置，内部温度不得超过40℃，禁止用氧气作为通风的风源。不准同时进行电焊及气焊工作。

（13）电焊工所坐的椅子，应用木材或其他绝缘材料制成。

（14）气瓶储存应满足下列要求：

1）储存气瓶的仓库应具有耐火性能；门窗应向外开，装配的玻璃应用毛玻璃或涂以白色油漆；地面应该平坦不滑，砸击时不会产生火花。

2）容积较小的仓库（储存量在50个气瓶以下）与其他建筑物的距离应不少于25m；较大的仓库与施工及生产地点的距离应不少于50m，与住宅和办公楼的距离应不少于100m。

3）储存气瓶仓库周围10m距离以内，不准堆置可燃物品，不准进行锻造、焊接等明火工作，也不准吸烟。

4）仓库内应设架子，使气瓶垂直立放，空的气瓶可以平放堆叠，但每一层都应垫有木制或金属制的型板，堆叠高度不准超过1.5m。

5）装有氧气的气瓶不准与乙炔气瓶或其他可燃气体的气瓶储存于同一仓库。

6）储存气瓶的仓库内不准有取暖设备。

7）储存气瓶的仓库内，应备有消防用具，并应采用防爆的照明，室内通风应良好。

2. 作业安全风险

（1）作业环境风险。

焊接与气割是在金属结构拼装作业中会普遍使用的一种将金属

黏合或分离的方法，在水利水电施工中，大型金属结构安装、混凝土骨筋铺设等均有焊接与气割作业。主要存在以下作业风险：

1）中暑伤害风险：作业人员在封闭、半封闭环境下，因通风不畅和高温作业，使身体大量出汗，如不注意饮水和休息容易导致中暑。

2）有毒气体危害风险：电焊作业中常见的融合材料是钢丝外包裹一层药皮称为焊条，焊条在高温融合时药皮会释放出（含锰和金属烟尘）有毒气体，如长期在有毒气体的环境工作，会导致焊工慢性尘肺中毒。

3）粉尘危害风险：在水利水电施工过程中接触的粉尘、烟尘较多，如不采取通风和佩戴防尘口罩等措施，易引发呼吸系统疾病。

（2）作业工序及相应风险。

1）高处坠落风险：焊接作业时，根据焊接部位的变化会有高处作业，如不按规范搭设施工排架或不使用安全防护用品（安全带、安全绳等）等，会导致高处坠落事故发生。

2）触电伤害风险：焊机空载电压一般都超过安全电压，但由于电压不会很高，使人容易忽视，特别是在天热多汗或在潮湿环境操作时电阻会降为1600Ω左右，手一旦接触焊钳，通过人体的电流为44mA，这时焊工痉挛不能摆脱，就有生命危险。

3）爆炸风险：在气割作业中会产生大量金属飞溅，如果氧气瓶与乙炔瓶未保持安全距离，一旦发生气体泄漏就会导致气瓶爆炸。

4）火灾风险：焊接与气割作业会产生大量高温金属飞溅，如防火措施不得当，作业周围有易燃物品，易导致火灾事故发生。

5）其他风险：电流的热效应、化学效应对人体的伤害主要是间接或直接的电弧烧伤或溅出的熔化金属烫伤。在高频电磁场的作用下使人产生头晕、乏力、记忆力减退、失眠、多梦等神经系统的症状。

（3）常见违章风险分析。

焊工不按规范佩戴专用防护用品、女工留长发且不将头发卷入安全帽内、无证作业、焊条头随意丢弃不按规定放入专门的焊条头回收桶、不走安全通道、随意搭设临时作业平台，均有可能因金属飞溅、高温焊条头、摔到在高温部位造成烧伤、烫伤以及因焊接生成的强紫外线照射引起皮肤病。

高处坠落、触电、有毒气体危害是焊工的主要风险。

二、电焊工应具备的安全技能

1．电焊作业安全技能要求

（1）在室内或露天进行电焊工作，必要时应在周围设挡光屏，防止弧光伤害周围人员的眼睛。

（2）在潮湿地方进行电焊工作，焊工应站在干燥的木板上，或穿橡胶绝缘鞋。

（3）固定或移动的电焊机的外壳以及工作台，应有良好的接地。

（4）电焊作用应使用绝缘良好的皮线。连接到电焊钳上的一端，至少有 5m 的绝缘软导线。电焊机的外壳必须可靠接地，接地电阻不得大于 4Ω。

（5）电焊设备（变压器、电动发电机）应使用带有保险的电源开关，并应装在密闭箱匣内。

（6）电焊设备的装设、检查和修理工作，应在切断电源后进行。

（7）电焊钳应符合下列基本要求：

1）应能牢固地夹住焊条。

2）保证焊条和电焊钳的接触良好。

3）更换焊条应便利。

4）握柄应用绝缘耐热材料制成。

（8）在潮湿、密闭空间环境下使用电焊机时，宜使用弧焊变压器防触电装置。

（9）电焊机的裸露导电部分和转动部分以及冷却用的风扇，均应装有保护罩。

（10）电焊工应备有下列防护用具：

1）镶有滤光镜的手把面罩或套头面罩。

2）电焊手套。

3）橡胶绝缘鞋。

4）清除焊渣用的白光眼镜（防护镜）。

（11）电焊工在合上电焊机开关前，应先检查电焊设备，如有电动机外壳的接地线是否良好，电焊机的引出线是否有绝缘损伤、短路或接触不良等现象。

（12）电焊工在合上或拉开电源开关时，应戴干燥的手套，另一只手不得按在电焊机的外壳上。

（13）电焊工更换焊条时，应戴电焊手套，以防触电。

（14）清理焊渣时应戴上白光眼镜，并避免对着人的方向敲打焊渣。

（15）在起吊部件过程中，禁止边吊边焊。只有在摘除钢丝绳后，方可进行焊接。

（16）不准将带电的绝缘电线搭在身上或踏在脚下。电焊导线经过通道时，应采取防护措施，防止外力损坏。禁止将电焊导线靠近热源、接触钢丝绳、转动机械或将其搭设在氧气瓶、乙炔瓶上。

（17）当电焊设备正在通电时，不准触摸导电部分。

（18）电焊工离开工作场所时，应断开电源。

（19）电焊工应服从工作负责人的指挥，禁止在带压设备和重要设备上引弧。

2．气瓶搬运安全技能要求

（1）气瓶搬运应使用专门的抬架或手推车。

（2）运输气瓶时应安放在特制半圆形的承窝木架内。如没有承窝木架时，可以在每一气瓶上套以厚度不少于 25mm 的绳圈或橡皮两个，以免互相撞击。

（3）全部气瓶的气门都应朝向一面。

（4）用汽车运输气瓶时，气瓶不准顺车厢纵向放置，应横向放置。气瓶押运人员应坐在司机驾驶室内，不准坐在车厢内。运输气瓶时，应用帆布遮盖，以防止烈日曝晒。

（5）为防止气瓶在运输途中滚动，应将其可靠地固定住。

（6）不论是已充气或空的气瓶，都应将瓶颈上的保险帽和气门侧面连接头的螺帽盖盖好后才许运输。

（7）运送氧气瓶时，应保证气瓶不致沾染油脂、沥青等。

（8）禁止把氧气瓶及乙炔瓶放在一起运送，也不准与易燃物品或装有可燃气体的容器一起运送。

3．气瓶使用安全技能要求

（1）在连接减压器前，应将氧气瓶的输气阀门开启 1/4 转，吹洗 1～2s，然后用专用的扳手安上减压器。作业人员应站在阀门连接头的侧方。

（2）若发现气瓶上的阀门或减压器气门有问题，应立即停止工作，进行修理。

（3）运到现场的氧气瓶，应验收检查。如有油脂痕迹，应立即擦拭干净；如缺少保险帽或气门上缺少封口螺丝或有其他缺陷，应在瓶上注明“注意！瓶内装满氧气”，并将其退回制造厂。

（4）氧气瓶应涂天蓝色，用黑颜色标明“氧气”字样；乙炔气瓶应涂白色，并用红色标明“乙炔”字样；氮气瓶应涂黑色，并用黄色标明“氮气”字样；二氧化碳气瓶应涂铝白色，并用黑色标明“二氧化碳”字样；氩气瓶应涂灰色，并用绿色标明“氩气”字样。其他气体的气瓶也均按规定涂色和标字。气瓶在保管、使用中，禁止改变气瓶的涂色和标志，以防止表层涂色脱落造成误充气。

（5）氧气瓶内的压力降到 0.2MPa，不准再使用。用过的瓶上应写明“空瓶”。

（6）氧气阀门应使用专门扳手开启，不准使用凿子、锤子开启。乙炔阀门应用特殊的键开启。

（7）使用中的氧气瓶和乙炔气瓶应垂直放置并固定起来。氧气瓶和乙炔气瓶的距离不得小于 5m，气瓶的放置地点，不准靠近热源，距明火 10m 以外。

（8）禁止使用没有防震胶圈和保险帽的气瓶。严禁使用没有减压器的氧气瓶和没有回火阀的溶解乙炔气瓶。

（9）禁止装有气体的气瓶与电线接触。

（10）在焊接中禁止将带有油迹的衣服、手套或其他沾有油脂的工具、物品与氧气瓶软管及接头相接触。

（11）安放在露天的气瓶，应用帐篷或轻便的板棚遮护，以免受到阳光曝晒。

（12）严禁用氧气作为压力气源吹扫管道。

4. 减压器使用安全技能要求

（1）减压器的低压室没有压力表或压力表失效，不准使用。

（2）将减压器安装在气瓶阀门或输气管前，应注意下列各项：

1）减压器（特别是连接头和外套螺帽）是否沾有油脂，如有油脂应擦洗干净。

2）外套螺帽的螺纹是否完好，帽内应有纤维质垫圈（不准用皮垫或胶垫代替）。

3）预吹阀门上的灰尘时，作业人员应站在侧面，以免被气体冲伤，其他人员不准站在吹气方向附近。

（3）应先把减压器和氧气瓶连接后，再开启氧气瓶的阀门，开启阀门不准猛开，应监视压力，以免气体冲破减压器。

（4）减压器冻结时应用热水或蒸汽解冻，禁止用火烤。

（5）减压器如发生自动燃烧，应迅速把氧气瓶的阀门关闭。

（6）减压器需要长时间停用时，应将氧气瓶的阀门关闭。工作结束时，应将减压器从气瓶上取下，由焊工保管。

（7）使用于氧气瓶的减压器应涂蓝色；使用于乙炔发生器的减压器应涂白色，以免混用。

5. 橡胶软管使用安全技能要求

（1）橡胶软管应具有足以承受气体压力的强度，氧气软管应用1.961MPa的压力试验，乙炔软管应用0.490MPa的压力试验。两种软管不准混用。

（2）橡胶软管的长度宜大于15m以上。两端的接头（一端接减压器，另一端接焊枪）应用特制的卡子卡紧，或用软的和退火的金属绑线扎紧，以免漏气或松脱。

（3）在连接橡胶软管前，应先将软管吹净，并确定管中无水后，才许使用。禁止用氧气吹乙炔气管。

（4）使用的橡胶软管不准有鼓包、裂缝或漏气等现象。如有发现有漏气现象，不准用贴补或包缠的方法修理，应将其损坏部分切掉，用双面接头管把软管连接起来并用夹子或金属绑线扎紧。

（5）可燃气体（乙炔）的橡胶软管如在使用中发生脱落、破裂或着火时，应先将焊枪的火焰熄灭，然后停止供气。氧气软管着火时，应先拧松减压器上的调整螺杆或将氧气瓶的阀门关闭，停止供气。

（6）乙炔和氧气软管在工作中应防止沾上油脂或触及金属溶液。禁止把乙炔及氧气软管放在高温管道和电线上，或把重的或热的物体压在软管上，也不准把软管放在运输道上，不准把软管和电焊用的导线敷设在一起。

6. 焊枪使用安全技能要求

（1）焊枪在点火前，应检查其连接处的严密性及其喷嘴有无堵塞现象，禁止在着火的情况下疏通气焊嘴。

（2）焊枪点火时，应先开氧气门，再开乙炔气门，立即点火，然后再调整火焰。熄火时与此操作相反，即先关乙炔气门，后关氧气门，以免回火。

（3）由于焊嘴过热堵塞而发生回火或多次鸣爆时，应迅速先将乙炔气门关闭，再关闭氧气门，然后将焊嘴浸入冷水中。

（4）焊工不准将正在燃烧中的焊枪放下；如有必要时，应先将火焰熄灭。

7. 氩弧焊作业安全技能要求

（1）氩弧焊焊接工作场所应有良好的通风。

（2）焊工应戴防护眼镜、静电口罩或专用面罩，以防臭氧、氮氧化合物及金属烟尘吸入人体。

（3）焊接时应减少高频电流作用时间，使高频电流仅在引弧瞬时接通，以防高频电流危害人体。

（4）氩弧焊所用的钸、钍、钨极应放在铅制盒内。

（5）操作时应先开冷却水管阀门，确认回流管里已有冷却水回流时，打开氩气阀门，再打开焊枪点弧开关；熄火的操作步骤与上述相反，以防铈、钍、钨极烧坏挥发。采用气冷焊枪时，焊枪喷嘴内有正常氩气流量流出时才能焊接。气冷枪使用时间过长、焊枪发烫时，应停止焊接，以免损坏焊枪。

8. CO_2 气体保护焊作业安全技能要求

（1）工作环境中一定要有良好的通风。焊接时应带上合适的防尘口罩。

（2）防护眼镜宜选用颜色较深的 12 号镜片。

（3）焊接前可将 CO_2 气瓶倒置一段时间，然后正放，打开阀门将上部水分较多的气体放掉。可在气路中增设低压干燥器，以确保 CO_2 用气质量。

（4）雨雪天气或风力较大时，作业区应采取防雨雪、防风的措施。

（5）焊接工作开始前焊枪应注意下列事项：

1）喷嘴管应当光滑、清洁，喷嘴内、外表面有飞溅金属，应立即除去，喷嘴变形应及时更换。

2）导流套有损坏应更换。

3）导电嘴表面应光滑，如内孔损坏应换新。

4）送丝弹簧管应定期检查清洁，发现损坏立即更换。

（6）焊接工作开始前送丝机应注意下列事项：

1）送丝滚轮的沟槽里有油污和铁屑时，应及时清理，如沟槽磨损严重应更换。

2）焊丝导向管应保持平直，不得变形和有油污。

3）送丝电动机的碳刷磨损严重时应更换。

4）减速筒内润滑油不足时，应及时加入。

（7）焊接工作开始前焊接电源应注意下列事项：

1）每半年清理一次机器内部尘土。

2）电磁开关表面要光滑、清洁。

3）电缆头应绝缘可靠。

4）气管、水管有破损时应更换。

第三节 架子工安全知识和技能

一、架子工应掌握的安全知识

1. 作业安全知识

（1）搭设脚手架人员操作时应佩戴安全帽、系安全带、穿防滑鞋。

（2）三级以上高处作业使用的脚手架应安装避雷装置。附近有配电线路时，应切断电源或采取其他安全措施。

（3）大雾及雨、雪天气和6级以上大风时不得进行脚手架的高处作业。雨、雪天后作业，应采取安全防滑措施。

（4）搭设脚手架，应避免夜间作业。夜间搭设脚手架，应有足够的照明，搭设高度不得超过二级高处作业标准。

（5）脚手架搭设前，应了解所搭脚手架的用途（人行马道、承重脚手架、走斗车脚手架、过讧脚手架、大跨度脚手架、贴山坡用的喷锚支护脚手架、悬吊式脚手架等），根据不同的用途，严格按照设计要求，采用不同的结构形式，所搭设的脚手架应牢固安全。

（6）在危险岩石处搭设脚手架，应先将危石处理掉并设专人警戒。

（7）严禁将承重脚手架搭投在虚渣和松土上。如无法避开，应将立杆埋在较坚实的基础上，并加绑扫地横杆，严禁立杆底部悬空。

（8）搭设三级、承重、特殊和悬空高处作业使用的脚手架，应进行专项设计和必要的技术安全论证，并有可靠的安全保障措施。

（9）搭设作业，应按以下要求做好自我保护和保护作业现场人员的安全。

1）高度在 2m 及以上时，在脚手架上作业人员应绑裹腿、穿防滑鞋和配挂安全带，保证作业的安全。脚下应铺设必要数量的脚手板，并应铺设平稳，且不得有探头板。当暂时无法铺设落脚板时，用于落脚或抓握、把（夹）持的杆件均应为稳定的构架部分，着力点与构架节点的水平距离应不大于 0.8m，垂直距离应不大于 1.5m。位于立杆接头之上的自由立杆（尚未与水平杆连接的立杆）不得用作把持杆。

2）脚手架上作业人员应做好分工配合，传递杆件应掌握好重心、平稳传递，不得用力过猛。对每完成的一道工序，应相互询问并确认后才能进行下一道工序。

3）作业人员应佩戴工具袋，工具用完后装于袋中，不得放在脚手架上。

4）架上材料应随上随用。

5）每次收工以前，所有上架的材料应全部搭设完，不得存留在脚手架上，应形成稳定的构架，不能形成稳定构架的部分应采取临时撑拉措施予以加固。

6）在搭设作业进行中，地面上的配合人员应避开可能落物的区域。

2．作业安全风险

（1）作业环境风险。

物体打击伤害风险：在排架搭设施工中，边坡危石、挂渣及排架上临时堆放零散材料等，在受到外界影响时可能发生滑落、滚落，而导致物体打击事故发生。

1）垮塌风险：在恶劣的自然灾害、天气气候的情况下，如地震、泥石流、山洪、大风、雷雨等，可能导致边坡山体坍塌、滚石等，从而引发排架垮塌。

2）高处坠落风险：雨雪冰冻等气候造成钢管湿滑，作业人员在湿滑的恶劣条件下从事排架施工，以及有恐高等禁忌高处作业病症人员及老弱病残人员从事排架作业等，均存在高处坠落风险。

（2）作业工序及相应风险。

1）垮塌风险：排架搭设时基础未进行平整夯实，选用的钢管扣件质量不符合要求，各扣件、部件连接紧固未达到规定力矩或未按规定使用钢管、扣件连接（如焊接等），步距、跨距布置间距过大，插筋、连墙杆、扫地杆、剪刀撑等未按要求搭设或搭设与排架主体跟进不及时，搭设材料集中超负荷堆放在架体上，排架整体结构搭设成向外倾斜、上大下小等，排架施工完工后未经验收合格就投入使用或超负荷使用等，均易导致排架垮塌事故。

2）物体打击伤害风险：排架在搭设过程中，未在下部交叉危险区域设置警戒，作业人员未保管好手中工器具、材料，踢脚板、安全网未及时设置，竹夹板未满铺，防护栏杆未设置或未按规定设置（高度不够），临空端头未封闭，排架上零散物件未进行固定或清理等原因，均易导致物体打击伤害事故。

3）高处坠落伤害风险：排架未设置规范的通道，竹夹板未满铺、未绑扎，使用的通道板质量不符合要求，通道板底部未添加足够的小横杆等，均易导致高处坠落伤害风险。

4）火灾风险：排架搭设过程中违章动用明火，施焊等动火作业未做好相应防护措施，排架上未按规定配备消防器材等，均易导致火灾事故。

5）触电伤害风险：排架上架设线路不规范，用电设备绝缘不到位导致漏电，未按规定使用漏电保护器，很可能导致排架架体带电，从而导致触电伤害。

其他伤害风险：排架上行走时摔倒、滑倒，材料转移时造成挤、压、砸等。

（3）常见违章风险分析。

1）未按规定佩戴安全帽，不听指挥进入交叉危险区域，违章抛物等容易导致物体打击伤害；

2）未按规定穿防滑鞋，未按规定悬挂使用安全带，作业前未对作业人员身体状况精神状态进行全面检查，均易导致高处坠落伤害。

二、架子工应具备的安全技能

1．脚手架搭设一般安全技能要求

（1）脚手架搭设作业时，应按形成基本构架单元的要求逐排、逐跨地进行逐步搭设。矩形周边脚手架宜从其中的一个角部开始向两个方向延伸搭设。脚手架杆件搭设应横平竖直，确保已搭设部分稳定。

（2）脚手架的外侧、斜道和平台，应搭设 1m 高的防护栏杆和 18cm 高的挡脚板或防护立网。在洞口牛腿、挑檐等悬臂结构搭设挑架（外伸脚手架）斜面与墙面一般不大于 30°，并应支撑在建筑物的牢固部分，不得支撑在窗台板、窗檐、线脚等地方。墙内大横杆两端都应伸过门窗洞两侧不少于 25cm。挑架所有受力点都应绑双扣，同时应绑防护杆。

（3）斜道板、跳板的坡度不得大于 1∶3，宽度不得小于 1.5m，防滑条的间距不得大于 30cm。

（4）木、竹立杆和大横杆应错开搭接，搭接长度不得小于 1.5m。绑扎时小头应压在大头上，绑扣不得少于三道。立杆大横杆、小横杆相交时，应先绑两根，再绑第三根，不得一扣绑三根。

（5）单排脚手架的小横杆伸入墙内不得少于 24cm，伸出大横杆外不得少于 10cm，通过门窗口和通道时，小横杆的间距大于 1m 应绑吊杆，间距大于 2m 时吊杆下需加设顶撑。

（6）18cm 厚的砖墙、空斗墙和砂浆标号在 10 号以下的砖墙，不得用单排脚手架。

（7）井架、门架、水塔等脚手架，凡高度 10 ~ 15m 的应设一组缆风绳（4 ~ 6 根），每增高 10m 加设一组。在搭设时应先设临时缆风绳，待固定缆风绳设置稳妥后，再拆除临时缆风绳。缆风绳与地面的角度应为 45° ~ 60°，应单独牢固地拴在地锚上，并用螺栓调节松紧，调节时应对角交错进行。缆风绳严禁拴在树木或电杆等物体上。

（8）搭建完成的脚手架，不得任意改变脚手架的结构和拆除部分杆件。

2．脚手架上作业安全技能要求

（1）作业前应注意检查作业环境安全可靠，安全防护设施应齐全有效，确认无误后方可作业。

（2）作业时应注意清理落在架面上的材料，保持架面上规整清洁，不得乱放材料、工具。

（3）在进行撬、拉、推等操作时应注意采取正确的姿势，站稳脚跟，或一手把持在稳固的结构或支持物上。在脚手架上拆除模板时，应采取必要的支托措施。

（4）当架面高度不够，需要垫高时，应采用稳定可靠的垫高办法，且垫高不得超过 50cm；当垫高超过 50cm 时，应按搭设规定升高铺板层并相应加高防护设施。

（5）在架面上运送材料应轻搁稳放，不得采用倾倒、猛磕或其他匆忙卸料方式。

（6）严禁在架面上打闹戏耍、退着行走或跨坐在外防护栏杆上休息。

（7）脚手架上作业时，不得随意拆除基本结构杆件或连墙件，因作业时需要拆除某些杆件或连墙件时，应取得施工主管和技术人员的同意，并采取可靠的加固措施后方可拆除。

（8）脚手架上作业时，不得随意拆除安全防护设施，未有设置或设置不符合要求时，应补设或改善后，才能上架作业。

3．扣件式钢管脚手架搭设安全技能要求

（1）在搭设脚手架前，工程技术负责人应按脚手架施工方案的要求，逐级向施工管理人员和作业人员进行技术交底。

（2）在搭设脚手架前，应对钢管、扣件、脚手板等进行检查验收，不合格的构配件不得使用。

（3）清除地面杂物，平整搭设场地，并使排水畅通。

（4）立杆地基应平整坚硬，土质地基立杆底部应加垫混凝土垫块或垫木、通长槽钢（垫块、垫木面积不小于 $0.15m^2$；混凝土垫块厚度不小于 200mm，垫木厚度不小于 50mm，槽钢宽度不小于 200mm）。当脚手架搭设在结构楼面、挑台上时，立杆底座下应铺设垫块或垫木，并对楼面或挑台等结构进行强度验算。

（5）按脚手架的柱距、排距要求进行放线、定位。

（6）扣件式钢管脚手架搭设顺序：放置纵向扫地杆→立柱→横向扫地杆→第一步纵向水平杆→第一步横向水平杆→连墙件（或加抛撑）→第二步纵向水平杆→第二步横向水平杆。

4．脚手架的拆除安全技能要求

（1）拆除前应完成以下准备工作：

1）全面检查脚手架的扣件连接、连墙件、支撑体系应符合安全要求。

2）根据检查结果，补充完善排架拆除方案，并经主管部门批准后方可实施。

3）三级、特级及悬空高处作业使用的脚手架拆除时，应事先制定出拆除安全技术措施，并经单位技术负责人批准后方可进行拆除。

4）拆除安全技术措施应由单位工程负责人逐级进行技术交底。

5）应先行拆除或加以保护脚手架上的电气设备和其他管、线路，机械设备等。

6）清除脚手架上杂物及地面障碍物。

（2）拆除应符合以下要求：

1）脚手架拆除时，应统一指挥。拆除顺序应逐层由上而下进行，严禁上下同时拆除或自下而上拆除。

2）所有连墙件应随脚手架逐层拆除，严禁先将连墙件整层或数层拆除后再拆除脚手架；分段拆除高差不应大于2步，如高差大于2步，应增设连墙件加固。

3）当脚手架拆至下部最后一根长钢管的高度（约7.5m）时，应先在适当位置搭临时抛撑加固，后拆连墙件。

4）当脚手架采取分段、分立面拆除时，对不拆除的脚手架两端，应先设置连墙件和横向支撑加固。

（3）卸料应符合以下要求：

1）拆下的材料，严禁往下抛掷，应用绳索捆牢逐根放下（小型构配件用袋、篓装好运至地面）或用滑车、卷扬机等方法慢慢放下，集中堆放在指定地点。

2）拆除脚手架的区域内，地面应设围栏和警示标志，并派专人看守，严禁非操作人员入内。在交通要道处应设专人警戒。

3）运至地面的构配件应按规定的要求及时检查整修和保养，并按品种、规格随时码堆存放，置于干燥通风处。

第四节 爆破工安全知识和技能

一、爆破工应掌握的安全知识

1. 作业安全知识

（1）爆破器材应储存于专用仓库内。除特殊情况下，经当地公安机关批准，派出所备案宜在专用仓库以外的地点少量存放爆破器材。

（2）库区消防，应遵守下列规定：

1）库区应配备足够的消防设施，库区围墙内的杂草应及时清除。

2）进入库区严禁烟火，不得携带引火物。

3）进入库区不应穿带钉子的鞋和易产生静电的化纤衣服，不应使用能产生火花的工具。

4）库区的消防设备、通信设备和警报装置，应定期检查。

5）草原和森林地区的库区周围，应修筑防火沟渠，沟渠边缘距库区围墙不小于10m，沟渠宽1～3m，深1m。

2．作业安全风险

爆破工种属于特种作业岗位。因为在爆破作业过程中，存在对操作者本人及其周围人员和设备的安全有重大危险因素。另外，爆破作业中诸多不安全因素，也对爆破施工安全构成直接威胁。分析本工种作业过程中的风险，归纳起来主要来自以下三个方面：

（1）作业环境及条件存在的危险因素。

1）自然环境危险因素。外来电源对爆破施工安全构成威胁，可导致早爆事故。外来电源主要包括雷电、杂散电流、静电等。

产生原因：雷电；杂散电流，主要由用电设备设施（如变压器、电机、电缆等）引起；静电，作业人员穿化纤服，腈纶、羊毛衣时或采用气压输送散粒炸药时极易产生静电。

主要预防措施：

a）雷电预防。

——及时掌握天气预报信息，在雷电来临前起爆。

——采用非电起爆系统。

——雷电来前不能起爆时，人员应及时撤离现场，将爆破网路导线与地绝缘；并切断一切通往爆区的导体。

b）杂散电流预防。

——进行杂散电流检测。

——采用非电起爆系统。

——采用抗杂散电流雷管。

——对电爆网路采取防范措施；在网路与主线连接处，采用接氖灯、二极管降低电压等措施。

——手持式或其他移动式通信设备进入爆区应事先关闭。

c）静电预防。

——作业人员不穿化纤衣服（特别是化纤衣服与毛衣重叠穿着）。

——采用非电起爆系统。

——加强静电检测。

——对于压气装药应采取相应防护措施。如在设备上设置金属链条接地等措施。

2）作业条件危险因素。主要包括坍塌、滑坡、落石、岩爆、透水（涌水）等危险因素，直接威胁施工人身和工程安全，从而导致人员伤亡或财产损失事故。

产生原因分析：

作业条件危险因素，一方面是自然因素形成，即工程地质条件本身存在缺陷；另一方面由于爆破作业设计、施工方案及措施方法存在缺陷等。例如：

a）不良地质条件。如，围岩断层、破碎、地下水、高应力等不利因素，导致爆破施工中坍塌、滑坡、落石、岩爆、透水（涌水）等危险时有发生。不良地质条件给施工安全带来极大威胁。

b）设计缺陷。设计存在缺陷，施工措施考虑不周全等。

c）施工不当。不按设计和施工方案施工，施工程序方法错误；施工组织不善：如重进度，轻支护，开挖超前，支护滞后，存在麻痹大意，侥幸心理，对施工中发现的问题不及时进行处理；安全措施不落实，安全监管不力。对危险、重点施工部位缺乏必要的施工安全监测和巡视检查等问题。

主要预防措施：

a）施工作业前和施工中应对作业环境及条件进行检查，并根据施工实际条件及时完善或调整施工方案和施工方法。

b）不良地质条件下的施工，必须坚持边开挖、边支护的基本施工原则。

c）严格按照设计支护方案适时进行支护，确保临时支撑的施工质量，并经常检查，发现问题及时处理。

d）必须落实对危险、重点施工部位的施工安全监测措施，并加强对其巡视检查。

（2）爆破作业中产生的危险因素。

由于爆破作业产生的危险因素主要包括：爆破飞石（滚石）、有毒有害气体（炮烟）、粉尘、噪声、爆破振动等。上述因素可能导致人身伤亡或财产损失事故或引起职业中毒等危害。

1）爆破飞石产生原因及预防措施。

a）爆破飞石产生原因。据有关统计资料表明，爆破飞石伤人事故占整个爆破安全事故的27%左右。因此，重视预防爆破飞石的安全技术措施的落实尤为重要。

由于爆破条件的复杂性，产生飞石的因素较多。主要与地质条件、爆破施工方案及爆破参数选择，如药量、堵塞长度和质量等因素有关。

b）爆破飞石预防措施。

——保证爆破方案可靠。制定爆破方案时，选择参数合理，包括堵塞、单耗、总药量控制以及起爆顺序、延时间隔时间等要求。

——严格按爆破方案施工。保证钻孔及装药堵塞长度和质量，堵塞长度一般不应小于20倍孔径。

——安全防护措施必须到位。对爆破临近的被保护的对象，应采取覆盖、遮栏措施，以及设置避炮所等措施。

——加强警戒，保证安全距离。应由设计确定，一般应按300m

控制；统一指挥，配足警戒人员、标志的等资源。

2）炮烟、有毒有害气体产生原因及预防措施。

a）产生原因。炸药不良的爆炸反应会生成一定量的一氧化碳和氧化氮；当在含硫等矿床中进行爆破作业，可能出现硫化氢和二氧化硫等有害气体。含以上一种或以上有害气体叫炮烟。人吸入炮烟，轻则中毒，重则死亡。

b）有毒有害气体（炮烟）预防措施。

——保证炸药质量，按规定对炸药进行质量检验，不使用过期变质等不合格的炸药。

——确保装药和填塞质量。做好爆破器材防水处理，避免炸药不完全爆炸反应，避免出现半爆和爆燃。

——加强通风，保证通风效果。廊道、井巷爆破作业必须设置通风排烟设施，并保证其有效运行。

——加强对有毒有害气体环境监控和监测；按规定佩戴个人防护用品。

3）粉尘、噪声预防措施。

——采用湿式钻孔和相应的降尘措施。

——不采用导爆索起爆网络、不用裸露爆破。

——严格控制单耗药量、单孔药量和一次起爆总药量。

——保证堵塞质量和长度。

——按规定佩戴防尘戴口罩、耳塞等个人防护用品。

4）爆破振动、坍塌预防措施。

——选择合理爆破方案。如，采用微差控制爆破；宽孔距，小抵抗线；采用光面爆破技术、减震裂缝等方法。

——控制装药量。齐发为总装药量、延时微差爆破为最大一段装药量。

——对保护对象进行防护或加固。

——落实爆破监测、检查制度。做好对重点部位的安全监测、检查和巡视。如，洞口边坡与不稳定体、支护结构、开挖掌子面、洞室交叉段、洞口段、软弱围岩地段等。

（3）作业人员不安全行为危险因素。

爆破作业中，人的不安全行为具有其偶然性，因此，更具有其危险性。其表现形式：一种是管理上的漏洞，即潜在的隐患；另一种是直接的，即作业人员的违章操作。两者都是危及爆破施工安全和导致爆破事故发生的最危险的危害因素之一。

其具体表现为：

1）爆破施工安全管理中潜在的危害因素。

——爆破安全规章制度不健全；安全职责不清、责任不明；安全机构不健全或不能正常运行；安全管理人员等资源配置不足等。

——爆破准入资质把关不严，无证上岗；安全培训教育不落实。

——爆破施工和安全技术措施方案未按规定审核批准。

——不按经批准方案施工，或不进行安全技术交底，盲目施工。

——安全技术措施不落实，违章指挥，冒险施工。

——重进度，忽视安全。不认真执行爆破安全操作规程、重点危险源监控程序文件及爆破“四证”规定等。

2）爆破作业人员的不安全行为。

爆破作业中，人员的不安全行为是危及爆破施工安全最直接、最危险因素。

——未经专门安全培训考试合格，无证上岗。

——不按照“一炮一设计一审批”要求进行设计、申报审批，或未经同意进行爆破作业。

——搬运爆破器材时，将炸药、雷管同车运输；采取抛掷、滚动等错误方法装卸爆破器材。

——运至作业地点的爆破器材无专人看管；雷管不装入保险箱，将炸药、雷管混同一起堆放；或在阳光下暴晒。

——剩余或残余的爆破器材不及时退库，私自将爆破器材带入住所或不安全的地方存放。

——爆破作业时，不按规定着装，穿化纤服装或带钉鞋等；在作业现场使用手机、对讲机，或在作业区域吸烟。

——加工药包或网络连接，切割导爆索、导火索时，不按规定采用锋利刀具切割，而使用剪刀（或钝器）进行剪切。

——雷管内有杂物时，违规用工具掏或用嘴吹等危险方法进行清理。

——装药前，不按规定对作业场地进行清理，也不对炮孔进行检查。

——装药时不对爆破器材进行检查，使用存在质量问题的爆破器材。

——不按爆破施工设计方案进行装药，随意加大单孔装药量。

——装药时，违规将网络起爆激发雷管装入口袋随身带入作业现场，或用纸包裹后随意放在现场不安全的地方。

——装入起爆药后，不是用炮棍轻轻压紧药包方法，而是用猛力捣击药包。

——不按规定时限爆破；爆破警戒时，执行警戒的人员不按要求到达地点，或擅离职守。

——解除信号后，未达到规定的安全等待时间就冒险进入爆区。

——处理盲炮时，违反安全规定，采取拉出或掏挖等违章操作方法，挖取炮孔或药壶中的起爆药包等违规方法进行操作。

——违规销毁爆破器材。如，无登记造册或书面报告，未经上级主管部门批准同意；采用焚烧法销毁雷管、继爆管、起爆药柱、射孔弹等，或将不同品种的爆破器材放在一起焚烧。

二、爆破工应具备的安全技能

（1）在进行爆破设计时，应制定安全技术措施。

（2）露天深孔爆破装药前，爆破工程技术人员应对第一排孔的最小抵抗线进行测定。洞室爆破前应进行安全评估。

（3）爆破工作开始前，应明确规定安全警戒线，制定统一的爆破时间和信号，并在指定地点设安全哨，执勤人员应有红色袖章、红旗和口笛。

（4）装药前，非爆破作业人员和机械设备均应撤离至指定的安全地点或采取防护措施。撤离之前不得将爆破器材运到工作面。

（5）夜间无照明、浓雾天、雷雨天和五级以上风（含五级）等恶劣天气，均不得进行露天爆破作业。

（6）当井内无关工作人员未撤离工作面时，严禁爆破器材下井。

（7）往井下吊运爆破材料时，应遵守下列规定：

1）检查起吊设备及吊运工具是否安全可靠。

2）在上下班或人员集中的时间内，不得运输爆破器材，严禁人员与爆破器材同罐吊运。

3）禁止雷管、炸药同时吊运。

4）吊运速度不得大于 1m/s。

5）装雷管的箱子应绝缘。

6）禁止将爆破器材存放在井口房、井底或其他巷道内。

（8）利用电雷管起爆的作业区，加工房以及接近起爆电源线路的任何人，均严禁携带不绝缘的手电筒，以防引起爆炸。

（9）对报话机经检查无漏电、感应电时，方可在电力起爆区作为通信联系工具；手持式或其他移动式通信设备进入炮区，应事先关闭。

（10）装药时，严禁将爆破器材放在危险地段或机械设备和电源火源附近。

（11）在下列情况下，禁止装药：

1）炮孔位置、角度、方向、深度不符合要求。

2）孔内岩粉未按要求清除。

3）孔内温度超过 35℃。

4）炮区内的其他人员未撤离。

（12）装药和堵塞应使用木、竹制作的炮棍。严禁使用金属棍棒装填。

（13）使用信号管和计时导火索的长度不得超过该次被点导火索中最短导火索长度的 1/3。

（14）爆破后炮工应检查所有装药孔是否全部起爆，如发现盲炮，应及时按照盲炮处理的规定妥善处理，未处理前，应在其附近设警戒人员看守，并设明显标志。

（15）暗挖放炮，自爆破器材进洞开始，即通知有关单位施工人员撤离，并在安全地点设警戒员。禁止非爆破工作人员进入。

（16）地下相向开挖的两端在相距 30m 以内时，放炮前应通知另一端暂停工作，退到安全地点。当相向开挖的两端相距 15m 时，一端应停止掘进，单头贯通。斜井相向开挖，除遵守上述规定外，并应对距贯通尚有 5m 长地段自上端向下打通。

（17）起爆前，应将剩余爆破器材撤出现场，运回药库，严禁藏放于工地。

（18）当工作面杂散电流大于 30mA 和有可能产生静电放电或感应电流时，应采用抗杂散电流雷管或非电起爆。

（19）地下井挖洞内空气含沼气或二氧化碳浓度超过 1% 时，禁止进行爆破作业。

（20）药室的装药与堵塞，应遵守下列要求：

1）药室开挖完毕，应进行测量验收，将其实际位置绘于图上，药室中心位置应准确。对全部药室应按爆破设计进行编号。

2）装药前，应检查巷道、洞室的顶拱围岩及支护的稳固程度，并清除杂物、导电体和巷道内残存的爆炸材料。

3）装药时，不得在爆破地点周围 200m 或根据设计规定的范围内进行其他爆破工作。

4）起爆药包、电雷管脚线和引出线在未接入主线前，应一直处于短路状态。

5）电雷管起爆药包装入前，应切断一切电源，只准使用马灯和绝缘手电筒照明，并不得在工作面及巷道内拆换电池。

6）堵塞前，应组织专人对回填前一切准备工作进行验收，并做好原始记录。

7）靠近药室的堵塞物一般采用干砂或黄土，堵塞超过药室长度后，方可采用开挖的弃渣进行堵塞。

8）堵塞应密实，不留空穴。堵塞高度应达药室顶板。

9）堵塞时不得撞击炸药，不得损坏起爆网路。

（21）处理盲炮时，应遵守下列要求：

1）发现或怀疑有盲炮时，应立即报告，并在其附近设立标志，派人看守，并采取相应的安全措施。

2）处理时，无关人员严禁在场，危险区内禁止进行其他工作。

第五节 混凝土工安全知识和技能

一、混凝土工应掌握的安全知识

1. 作业安全知识

（1）手推车向料斗倒料，应有挡车措施，不得用力过猛和撒把。

（2）用井架运输时，小车把不得伸出笼外，车轮前后应挡牢，稳起稳落。

（3）下料口应钉挡板，根据实际情况架设护身栏杆。

（4）机动自卸推斗车，作业前先检查斗车装置应完好，刹车应灵活可靠，斗车应清扫干净。

（5）电瓶机车拖拉斗车运行中，应服从统一指挥、统一信号，跟车人员严禁站在两斗车之间。

（6）在卸混凝土料前，应将斗车刹住，脚应站稳，两手握紧车斗倒料。

（7）每班工作结束时，使用的斗车应全部洗刷干净。

（8）使用卷扬机运输混凝土时，卷扬机道应有专人负责斗车挂钩及指挥信号工作。严防跑车伤人。

（9）料斗垂直提升混凝土时，卸料人员的操作部位应搭设工作平台，周围应设护身栏杆，操作时不得站在溜槽帮上。使用拦载料斗的顶棍，应准确的顶在料斗边的中间。

（10）多层垂直运输，应装设灯、铃等联系信号。料斗运行时，不得向井筒内伸头看望或伸手招呼。

（11）使用溜槽、溜筒，应连接牢固，操作平台应有防护栏杆，不得站在溜槽、溜筒边上操作。溜槽、溜筒、出料口处不得站人。

（12）指挥机动自卸斗车、混凝土搅拌车就位卸料时，指挥人员应站在车辆的后侧面指挥不得直接站在车辆后面。

（13）用混凝土泵输送混凝土时，管道接头应完好，管道的脚手架应牢固，不得直接与钢筋或模板相连。

（14）使用立式、卧式吊罐，应在两只吊耳完全挂妥，卸料口关闭后才能起吊。

（15）卸料应规定联系信号和方式，吊罐下方严禁站人，吊罐就位时，不得用手或绳硬拉。

2．作业安全风险

（1）作业环境风险。

在水利水电施工中，混凝土浇筑、泵送、喷射过程存在以下作业环境风险：

1）职业病危害风险：混凝土振捣、泵送或清理作业仓面时，噪声强度比较大，如施工人员不采取佩戴耳塞等个体防护措施，将受噪声危害；混凝土振捣器振动强烈，经常使用也可以导致振动病；喷射混凝土作业时，大量粉尘漂浮在空气中，喷射操作人员应佩戴护目镜、防尘口罩，否则会造成粉尘危害。

2）车辆伤害风险：采用罐车运输混凝土时，如没有专人指挥或指挥不当，易发生车辆伤害事故。

3）物体打击伤害风险：喷射作业前未对危石进行处理，危石掉落导致物体打击伤害。

（2）作业工序及相应风险。

1）高处坠落伤害风险：临边孔洞未设置安全防护栏杆、防护栏杆损坏、操作平台存在安全隐患等原因，易导致高处坠落事故发生。

2）物体打击伤害风险：混凝土浇筑时交叉作业，工具、材料掉落或使用不当导致物体打击事故发生；喷射混凝土作业时飞溅物导致物体打击事故发生。

3）触电伤害风险：由于照明线路、动力电缆、用电设备等绝缘破坏，导致发生触电事故。

4）机械伤害风险：混凝土浇筑（包括清基）、泵送、喷射作业使用的设备操作复杂，如不按照操作规程操作，易发生机械伤害事故。

（3）常见违章风险分析。

作业人员不按照有关要求佩戴劳动保护用品，如振捣作业时不穿绝缘鞋、不戴绝缘手套，清基作业不佩戴护目镜等，高处作业不系安全带等，可能发生触电、物体打击和高处坠落事故。

二、混凝土工应具备的安全技能

1. 混凝土工（含清基工）施工安全技能要求

（1）混凝土工进仓操作时，应戴安全帽，穿胶靴并使用必要防护用品。

（2）高处作业时，首先检查脚手架、马道平台、栏杆应安全可靠。铺设的脚手板应固定，不得悬空探头。

（3）手推车向料斗倒料，应有挡车措施，不得用力过猛。

（4）用井架运输时，小车把不得伸出笼外，车轮前后应挡牢，稳起稳落。

（5）下料口应钉挡板，根据实际情况架设护身栏杆。

（6）机动自卸推斗车，作业前应先检查斗车装置完好，刹车灵活可靠，斗车应清扫干净。

（7）电瓶机车拖拉斗车运行中，应服从统一指挥、统一信号，跟车人员不得站在两斗车之间。

（8）在卸混凝土料前，应将斗车刹住，脚应站稳，两手握紧车斗倒料。

（9）每班工作结束时，使用的斗车应全部洗刷干净。

（10）使用卷扬机运输混凝土时，卷扬机道应有专人负责斗车挂钩及指挥信号工作。

（11）料斗垂直提升混凝土时，卸料人员的操作部位应搭设工作平台，周围应设护身栏杆，操作时不得站在溜槽帮上。使用拦载料斗的顶棍，应准确地顶在料斗边的中间。

（12）多层垂直运输，应装设灯、铃等联系信号。料斗运行时，不得向井筒内伸头探视或伸手招呼。

（13）使用溜槽、溜筒，应连接牢固，操作平台应有防护栏杆不得站在溜槽、溜筒边上操作。溜槽、溜筒出料口处不得站人。

（14）指挥机动自卸斗车、混凝土搅拌车就位卸料时，指挥人员应站在车辆的后侧面指挥，不得直接站在车辆后面。

（15）用混凝土泵输送混凝土时，管道接头应完好，管道的脚手架应牢固，不得直接与钢筋或模板相连。

（16）使用立式、卧式吊罐，应在两只吊耳完全挂妥、卸料口关闭后才能起吊。

（17）卸料应规定联系信号和方式，吊罐下方不得站人，吊罐就位时不得用手或绳硬拉。

（18）平仓振捣应遵守下列要求：

1）人工平仓时，作业人员动作应协调一致，使用的铁锹和拉绳应牢固。

2）机械平仓时，操作人员应经专业培训合格后上岗作业，作业前应检查设备确认完好。平仓时应安排专人指挥和监护，离模板应保持相应的安全距离。

3）浇筑较高或特殊仓面时，不得更改和调整设计拉杆及支撑的位置。

4）浇筑无板框架结构梁柱混凝土时，应搭设临时脚手架、作业平台，并设防护栏杆，不得站在模板上或支撑上操作。

5）浇筑梁板时，应搭设临时浇筑平台。

6）浇筑圈梁、挑檐、阳台、雨罩等混凝土时，外部应设安全网或其他防护措施。

7）浇筑拱形结构，应自两边拱脚处对称下料振捣。

8）现支模板浇筑混凝土时，应派专人监视承重支撑杆件，发现异常时应立即停止浇筑，撤离人员，采取措施处理。

（19）凿毛清理养护应遵守下列要求：

1）混凝土手工凿毛，应先检查锤头柄安装牢固可靠，作业人员应戴防护眼镜。

2）在较高垂直面上凿毛时，应搭设脚手架和马道板，不得站在预埋件上作业，并拴好安全带。

3）风镐凿毛作业时，应遵守风镐的安全操作规程。

4）采用混凝土表面处理剂处理毛面时，作业人员应穿戴好工作服、口罩、乳胶手套和防护眼镜，并用低压水冲洗。

5）在高处作业时，使用工具应放到工具袋内。作业人员应系安全带，挂牢安全绳，并派专人监护。

6）用风枪清理混凝土面时，应一人握紧风枪一人辅助，不得单人操作；作业人员应穿戴工作服、口罩和防护眼镜。在风枪作业范围内，不得有与本作业无关人员。风枪口不得正对人。

7）冲毛机冲毛和清理仓面作业时，应遵守冲毛机的安全操作规程。

8）使用覆盖物养护混凝土时，对所有的沟、孔、井等应按要求设牢固盖板或围栏，并设警示标志，不得随便挪动。

9）电热法养护作业时，应设警示标志、围栏，无关人员不得进入养护区域。

10）用软管洒水养护时，应将水管接头连接牢固，移动皮管不得猛拽，不应倒行拉移皮管。电气设备应做防护，不得将养护用水喷洒到电闸、灯泡等电气设备上。

11）蒸汽养护时，作业人员应注意脚下孔洞、磕绊物并防止烫伤。

12）化学养护剂养护作业时，喷涂人员应穿戴好工作服、口罩、乳胶手套和防护眼镜。

13）覆盖物养护材料使用完毕后，应及时清理并存放到指定地点，码放整齐。

2. 混凝土泵工施工安全技能要求

（1）混凝土泵操作人员应经过专业培训，并经考试合格后方可上岗操作。

（2）混凝土泵应安放在平稳坚实的地面上，周围不得有障碍物，在放下支腿并调整后应保持水平和稳定，轮胎应楔紧。

（3）泵送管道的敷设应遵守下列要求：

1）水平泵送管道宜直线敷设。

2）垂直泵送管道不得直接装接在泵的输出端上，应在垂直管前端加装长度不小于 20m 的水平管，并在水平管近泵处加装逆止阀。

3）敷设向下倾斜的管道时，应在输出口上加装一段水平管，其长度不应小于倾斜管高低差的 5 倍。当倾斜度较大时，应在坡度上端装设排气活阀。

4）泵送管道应有支撑固定，在管道和固定物之间应设置木垫作缓冲，不得直接与钢筋或模板相连，管道与管道间应连接牢靠，管道接头和卡箍应扣牢密封，不得漏浆，不得将已磨损管道装在后端高压区。

5）泵送管道敷设后，应进行耐压试验。

（4）砂石粒径、水泥标号及配合比应按出厂规定，满足泵机可泵性的要求。

（5）作业前应检查并确认泵机各部螺栓紧固，防护罩齐全，各部操纵开关、调整手柄、手轮、控制杆、旋塞等均在正确位置，液压系统正常无泄漏，液压油应符合要求，搅拌斗内无杂物，上方的保护网完好无损。

（6）输送管道的管壁厚度应与泵送压力匹配，近泵处应选用优质管子。管道接头密封圈及弯头等应完好无损。高温烈日下应采用湿麻袋或湿草袋遮盖管路，并应及时浇水降温，寒冷季节应采用保温措施。

（7）应配备清洗管、清洗用品、接球器及有关装置。开泵前无关人员应离开管道周围。

（8）启动后，应先空载运转，观察各仪表的指示值，检查泵和搅拌装置的运行情况，确认一切正常后方可作业。泵送前应向料斗加入清水和水泥砂浆润滑泵及管道。

（9）泵送作业中，料斗中的混凝土表面应保持在搅拌轴轴线以下。料斗网格上不得堆满混凝土，应控制供料流量，及时清除超粒径骨料和异物，不得随意移动隔网。

（10）当进入料斗的混凝土有离析现象时应停泵，待搅拌均匀后再泵送，当骨料分离严重、料斗内灰浆明显不足时，应剔除部分骨料，另加砂浆重新搅拌。

（11）泵送混凝土应连续作业，当因供料中断被迫暂停时，停机时间不得超过30分钟。暂停时间内应每隔5～10分钟（冬季3～5分钟）做2～3个冲程反泵—正泵运动，再次投料泵送前应先将料搅拌。当停泵时间超限时，应排空管道。

（12）垂直向上泵送中断后再次泵送时，应先进行反向推送，使分配阀内混凝土吸回料斗，经搅拌后再正向泵送。

（13）泵送运转时，不得将手或铁锹伸入料斗或用手抓握分配阀。当需在料斗或分配阀上作业时，应先关闭电动机和消除蓄能器压力。

（14）不能随意调整液压系统压力。当油温超过70℃时，应停止泵送，但仍应使搅拌机叶片和风机运转，待降温后再继续运行。

（15）水箱内应装满清水，当水质混浊并有较多砂粒时，应及时检查处理。

（16）泵送时不得开启液压管道，不得调整修理正在运转的部位。

（17）作业中应对泵送设备和管路进行观察，发现隐患应及时处理。对磨损超过要求的管子、卡箍、密封圈等应及时更换。

（18）应防止管道堵塞。泵送混凝土应搅拌均匀，控制好坍落度，在泵送过程中不得中途停泵。

（19）当出现输送管堵塞时，应进行反泵运转，使混凝土返回料斗，当反泵几次仍不能消除堵塞时应在泵机卸载情况下，拆管排除堵塞。

（20）作业后，应将料斗内和管道内的混凝土全部输出，然后对泵机料斗管道等进行冲洗。当用压缩空气冲洗管道时，进气阀不应立即开大，只有当混凝土顺利排出时，方可将进气阀开至最大。在管道出口 10m 内不得站人，并应用金属网篮等收集冲出的清洗球和砂石粒。对凝固的混凝土，应用刮刀清除。

（21）作业后，应将两侧活塞转到清洗室位置，并涂上润滑油。各部位操纵开关、调整手柄、手轮控制杆、旋塞等均应复位。液压系统应卸载。

（22）混凝土泵的检修、维护和保养工作，应按检修规定执行。

3．混凝土喷射工施工安全技能要求

（1）喷射混凝土和加速凝剂的作业人员，应穿戴工作服、防尘口罩和必要的防护用品。

（2）喷射混凝土的机械设备，应安设在基础牢固稳定的安全地点。

（3）喷射混凝土的工作面应有光线足够的照明设备。

（4）操作人员在操作前应仔细检查各机件、电气设备完好可靠。

（5）喷射边墙和顶拱使用的台架，应严实坚固，木板厚度不得小于5cm，不得有悬空探头板。

（6）喷射混凝土地段的松动岩石，应撬挖干净，撬挖时，在工作区域应做好安全警戒工作。

（7）喷射混凝土的现场前后，应按规定的专门联系信号进行作业。

（8）喷射混凝土时，应互相协作，保持各环节的正常运行。

（9）对喷射作业面，应采取综合性防尘措施，降低空气中的含尘量，使粉尘浓度达到国家规定的标准。

（10）使用带式输送机或机动车辆运输水泥、骨料或干混凝土时，应遵守带式输送机或机动车辆的安全技术操作规程。

（11）强制式混凝土拌和机操作人员，除遵守普通混凝土拌和机的全技术操作规程外，还应遵守以下要求：

1）作业时，进料坑及进料槽钢导轨上，不得站人或放其他物件。

2）牵引时，进料斗除锁住滚轮外，还应用安全钩扣住。

3）出料门的启闭操作全系手动，操作中运行人员的手不可离开手柄，人也不得站在手柄甩动的半径内。

4）当出料门关闭后，应用箱盖上的安全钩将手柄扣牢。

5）非作业时，进料斗应提高到适当的高度，并用销钩将料斗滚轮锁住。

（12）混凝土喷射作业应遵守下列安全要求：

1）作业前，应先检查喷射机各部件管路和喷嘴完好通畅，应无堵塞、漏气。

2）作业时，应先开进气阀，待压力上升到 98～196kPa 时，再开电动机。

3）旋转体与固定机座结合应紧密，如运转中接合板磨损出槽，深度大于 2mm 时应及时更换。

4）旋转孔发生堵塞，不应用镩头敲打旋转体；不得用风钻清除旋转孔，应停机拆除检修。

5）联轴节的瓦楞形夹盘中两旁所放的钢珠，不得增加。

6）风水稳压阀，不得任意拆卸和调整。

7）风水箱应在允许的压力下工作，排气时不得对人，应保护玻璃指示管。

8）作业前应检查喷射机、水箱、稳压阀和油水分离器上的压力表和安全阀。

9）喷射机的喂料筛网，不得任意取下，不得用手或棍棒伸入喂料口。

10）作业完毕后，应先停止供料，待机器中余料喷完后，依次停风停水，机件拆除清洗干净。

11）喷射混凝土的风压，应根据输送距离确定，不大于 392kPa。喷头出料中断，应立即停机。排除故障时，喷嘴不得对人。

12）每次喷射厚度不得超过 1cm。

13）喷射时，应一人握紧喷枪一人辅助，不得单人操作；喷嘴应保持与喷砌面垂直，距离为 1～1.5m。

14）喷射机的电动机工作温度应低于 50℃。

15）喷射料以 50～70m/s 高速喷出，喷嘴不得对人，喷射区不得有人。

16）喷射平台距喷射机的间距小于 10 缸时，喷射机周围应采取防护措施。

17）喷射作业区域应设专人监护做好安全警戒，在喷射作业结束前不得有行人、车辆通过。

4．混凝土泵车操作安全技能要求

（1）泵车就位地点应平坦坚实，周围无障碍物，上空无高压输电线。泵车不得停放在斜坡上。

（2）泵车就位后，应支起支腿并保持机身的水平稳定。当用布料杆送料时，机身倾斜度不得大于 3°。

（3）就位后，泵车应显示停车灯，避免碰撞。

（4）作业前检查项目应符合下列要求：

1）燃油、润滑油、液压油、水箱添加充足，轮胎气压符合规定，照明和信号指示灯齐全良好。

2）液压系统工作正常，管道无泄漏；清洗水泵及设备齐全良好。

3）搅拌斗内无杂物，料斗上保护格网完好并盖严。

4）输送管路连接牢固，密封良好。

（5）布料杆所用配管和软管应按出厂说明书的规定选用，不得使用超过规定直径的配管，装接的软管应拴上防脱安全带。

（6）伸展布料杆应按出厂说明书的顺序进行。布料杆升离支架后方可回转。严禁用布料杆起吊或拖拉物件。

（7）当布料杆处于全伸状态时，不得移动车身。作业中需要移动车身时，应将上段布料杆折叠固定，移动速度不得超过 10km/h。

（8）不得在地面上拖拉布料杆前端软管；严禁延长布料配管和布料杆。当风力在六级及以上时，不得使用布料杆输送混凝土。

（9）泵送管道敷设应满足有关规范的要求。

（10）泵送前，当液压油温度低于15℃时，应采用延长空运转时间的方法提高油温。

（11）泵送时应检查泵和搅拌装置的运转情况，监视各仪表和指示灯，发现异常，应及时停机处理。

（12）料斗中混凝土面应保持在搅拌轴中心线以上。

（13）泵送混凝土应连续作业。

（14）作业中，不得取下料斗上的格网，并应及时清除不合格骨料或杂物。

（15）泵送中当发现压力表上升到最高值，运转声音发生变化时，应立即停止泵送，并应采用反向运转方法排除管道堵塞；无效时，应拆管清洗。

（16）作业后，应将管道和料斗内的混凝土全部输出，然后对料斗、管道等进行冲洗。当采用压缩空气冲洗管道时，管道出口端前方10m内严禁站人。

（17）作业后，不得用压缩空气冲洗布料杆配管，布料杆的折叠收缩应按规定顺序进行。

（18）作业后，各部位操纵开关、调整手柄、手轮、控制杆、旋塞等均应复位，液压系统应卸荷，并应收回支腿，将车停放在安全地带，关闭门窗。冬季应放净存水。

5. 混凝土喷射机操作安全技能要求

（1）喷射机应采用干喷作业，应按出厂说明书规定的配合比配料，风源应是符合要求的稳压源，电源、水源、加料设备等均应配套。

（2）管道安装应正确，连接处应紧固密封。当管道通过道路时，应设置在地槽内并加盖保护。

（3）喷射机内部应保持干燥和清洁，加入的干料配合比及潮润程序，应符合喷射机性能要求，不得使用结块的水泥和未经筛选的砂石。

（4）作业前重点检查项目应符合下列要求：

1）安全阀灵敏可靠。

2）电源线无破裂现象，接线牢靠。

3）各部密封件密封良好，对橡胶结合板和旋转板出现的明显沟槽及时修复。

4）压力表指针在上、下限之间，根据输送距离，调整上限压力的极限值。

5）喷枪水环（包括双水环）的孔眼畅通。

（5）启动前，应先接通风、水、电，开启进气阀逐步达到额定压力，再启动电动机空载运转，确认一切正常后，方可投料作业。

（6）机械操作和喷射操作人员应有联系信号，送风、加料、停料、停风以及发生堵塞时，应及时联系，密切配合。

（7）在喷嘴前方严禁站人，操作人员应始终站在已喷射过的混凝土支护面以内。

（8）作业中，当暂停时间超过1小时，应将仓内及输料管内的干混合料全部喷出。

（9）发生堵管时，应先停止喂料，对堵塞部位进行敲击，迫使物料松散，然后用压缩空气吹通。此时，操作人员应紧握喷嘴，严禁用动管道伤人。当管道中有压力时，不得拆卸管接头。

（10）转移作业面时，供风、供水系统液压随之移动，输送软管不得随地拖拉和折弯。

（11）停机时，应先停止加料，然后再关闭电动机和停送压缩空气。

（12）作业后，应将仓内和输料软管内的干混合料全部喷出，并应将喷嘴拆下清洗干净，清除机身内外黏附的混凝土料及杂物。同时应清理输料管，并应使密封件处于放松状态。

6．插入式振动器操作安全技能要求

（1）插入式振动器的电动机电源上，应安装漏电保护装置，接地或接零应安全可靠。

（2）操作人员应经过用电教育，作业时应穿戴绝缘胶鞋和绝缘手套。

（3）电缆线应满足操作所需的长度。电缆线上不得堆压物品或让车辆挤压，严禁用电缆线拖拉或吊挂振动器。

（4）使用前，应检查各部并确认连接牢固，旋转方向正确。

（5）振动器不得在初凝的混凝土、地板、脚手架和干硬的地面上进行试振。在检修或作业间断时，应断开电源。

（6）作业时，振动棒软管的弯曲半径不得小于500mm，并不得多于两个弯，操作时应将振动棒垂直地沉入混凝土，不得用力硬插、斜推或让钢筋夹住棒头，也不得全部插入混凝土中，插入深度不应超过棒长的3/4，不宜触及钢筋、芯管及预埋件。

（7）振动棒软管不得出现断裂，当软管使用过久使长度增长时，应及时修复或更换。

（8）作业停止需移动振动器时，应先关闭电动机，再切断电源。不得用软管拖拉电动机。

（9）作业完毕，应将电动机、软管、振动棒清理干净，并应按规定要求进行保养作业。振动器存放时，不得堆压软管，应平直放好，并应对电动机采取防潮措施。

7．附着式、平板式振动器操作安全技能要求

（1）附着式、平板式振动器轴承不应承受轴向力，在使用时，电动机轴应保持水平状态。

（2）在一个模板上同时使用多台附着式振动器时，各振动器的频率应保持一致，相对面的振动器应错开安装。

（3）作业前，应对附着式振动器进行检查和试振。试振不得在干硬土或硬质物体上进行。安装在搅拌站料仓上的振动器，应安置橡胶垫。

（4）安装时，振动器底板安装螺孔的位置应正确，应防止底脚螺栓安装扭斜而使机壳受损。底脚螺栓应紧固，各螺栓的紧固程度应一致。

（5）使用时，引出电缆线不得拉得过紧，更不得断裂。作业时，应随时观察电气设备的漏电保护器和接地或接零装置并确认合格。

（6）附着式振动器安装在混凝土模板上时，每次振动时间不应超过 1min，当混凝土在模内泛浆流动或成水平状即可停振，不得在混凝土初凝状态时再振。

（7）装置振动器的构件模板应坚固牢靠，其面积应与振动器额定振动面积相适应。

（8）平板式振动器作业时，应使平板与混凝土保持接触，使振波有效地振实混凝土，待表面出浆，不再下沉后，即可缓慢向前移动，移动速度应能保证混凝土振实出浆。在振的振动器，不得搁置在已凝或初凝的混凝土上。

8. 液压滑升设备操作安全技能要求

（1）应根据施工要求和滑模总载荷，合理选用千斤顶型号和配备台数，并应按千斤顶型号选用相应的爬杆和滑升机件。

（2）千斤顶应经12MPa以上的耐压试验。同一批组装的千斤顶在相同载荷作用下，其行程应一致，用行程调整帽调整后，行程允许误差为2mm。

（3）自动控制台应置于不受雨淋、曝晒和强烈振动的地方，应根据当地的气温，调节作业时的油温。

（4）千斤顶与操作平台固定时，应使油管接头与软管连接成直线。液压软管不得扭曲，应有较大的弧度。

（5）作业前，应检查并确认各油管接头连接牢固、无渗漏，油箱油位适当，电器部分不漏电，接地或接零可靠。

（6）所有千斤顶安装完毕未插入爬杆前，应逐个进行抗压试验和行程调整及排气等工作。

（7）应按出厂规定的操作程序操纵控制台，对自动控制器的时间继电器应进行延时调整。用手动控制器操作时，应与作业人员密切配合，听从统一指挥。

（8）在滑升过程中，应保证操作平台与模板的水平上升，不得倾斜，操作平台的载荷应均匀分布，并应及时调整各千斤顶的升高值，使之保持一致。

（9）在寒冷季节使用时，液压油温度不得低于10℃；在炎热季节使用时，液压油温度不得超过60℃。

（10）应经常保持千斤顶的清洁；混凝土沿爬杆流入千斤顶内，应及时清理。

（11）作业后，应切断总电源，清除千斤顶上的附着物。

第六节 起重工安全知识和技能

一、起重工应掌握的安全知识

1. 作业安全知识

（1）作业前应将任务了解清楚，确定可靠的工作方法，作业人员对任务和方法均无疑问后，方可开始作业。工作中应严格执行施工安全技术措施。

（2）起重工应熟悉、正确运用并及时发出各种规定的手势、旗语等信号。多人工作时，应指定一人负责指挥。

（3）工作前，认真检查所需的一切工具设备，均应良好。应根据物件的重量、体积、形状、种类选用适宜的方法。运输大件应符合交通规则规定，配备指挥车，并事先规定前后车辆的联络信号，还应悬挂明显标志（白天宜插红旗，晚上宜悬红灯）。

（4）各种物件正式起吊前，应先试吊，确认可靠后方可正式起吊。

（5）使用三脚架起吊时，绑扎应牢固，杆距应相等，杆脚固定应牢靠，不宜斜吊。

（6）使用滚杠运输时，其两端不宜超出物件底面过长，摆滚杠的人不得站在重物倾斜方向一侧，不得戴手套，应用手指插在滚杠筒内操作。

（7）拖运物件的钢丝绳穿越道路时，应挂明显警示标志。

（8）起吊前，应先清理起吊地点及运行通道上的障碍物，通知无关人员避让，作业人员应选择恰当的位置及随物护送的路线。

（9）吊运时应保持物件重心平稳。如发现捆绑松动，或吊装工具发生异常情况，应立即停车进行检查。

（10）翻转大件应先放好旧轮胎或木板等垫物，翻转时应采取措施防止冲击，施工人员应站在重物倾斜方向的反面。

（11）对表面涂油的重物，应将捆绑处油污清理干净，以防起吊过程中钢丝绳滑动。

（12）起吊重物前，应将其活动附件拆下或固定牢靠，以防因其活动引起重物重心变化或滑落伤人。重物上的杂物应清扫干净。

（13）吊运装有液体的容器时，钢丝绳应绑扎牢固不得有滑动的可能性。容器重心应在吊点的正下方，以防吊运途中容器倾倒。

（14）吊运成批零星小件时，应装箱整体吊运。

（15）吊运长形等大件时，应计算出其重心位置，起吊时应在长、大部件的端部系绳索拉紧。

（16）大件起吊运输和吊运危险的物品时，应制定专项安全技术措施，按规定要求审批后，方能施工。

（17）大件吊运过程中，重物上禁止站人，重物下面严禁有人停留或穿行。若起重指挥人员应在重物上指挥时，应在重物停稳后站上去，并应选择在安全部位站立和采取必要的安全措施。

（18）设备或构件在起吊过程中，要保持其平稳，避免产生歪斜；吊钩上使用的绳索，不得滑动，以保证设备或构件的完好无缺。

（19）对起吊拆箱后的设备或构件，应对其油漆表面采取防护措施，不得使漆皮擦伤或脱落。

（20）大型设备的吊运，宜采取解体分部件的吊运方法，边起吊、边组装，其绳索的捆绑应符合设备组装的要求。

（21）在起吊过程中，绳索与设备或构件的棱角接触部分，均应加垫麻布、橡胶及木块等非金属材料，以保护绳索不受损伤。

（22）两台起重机抬一台重物时，应遵守下列要求：

1）根据起重机的额定荷载，计算好每台起重机的吊点位置，最好采用平衡梁抬吊；

2）每台起重机所分配的荷载不得超过其额定荷载的75%～80%；

3）应有专人统一指挥，指挥者应站在两台起重机司机都可以看见的位置；

4）重物应保持水平，钢丝绳应保持铅直受力均衡；

5）具备经有关部门批准的安全技术措施。

2．作业安全风险

（1）作业环境风险。

起重作业场所具有不确定性，存在室外作业、交叉作业、夜间作业、高处作业、狭小空间作业等多种情况的可能性。

1）施工现场自然灾害风险：水利水电施工场地，大多处于高山和河流边，雨季容易发生山体塌方、泥石流等自然灾害。部分建筑物、厂房建在回填层上，回填层易发生沉降，使建筑物主体结构受损，影响建筑物的安全使用。

2）室外作业风险：部分材料设备的安装、转运需要在室外完成，多数采用汽车式起重机、塔带式起重机等，由于天气变化等因素，可能存在大风、雷雨、大雾等天气继续施工的，影响起重操作人员视线、思维判断，指挥信号不清楚等，造成起重伤害。

3）交叉作业风险：机电设备安装、金属结构安装等在进行起重吊装时往往存在交叉作业的情况，如果未及时采取防范隔离措施，未与交叉作业人员协商一致，极易造成物体打击伤害、起重伤害等。

4）夜间作业风险：工程施工过程中可能需要有夜间施工的情况发生，照明不足、起重作业人员疲劳等因素容易造成起重伤害事故。

5）高处作业风险：部分材料设备的吊装、转运，需要起重作业人员爬高作业，若安全防护措施不到位，易发生高处坠落、物体打击等事故。

6）狭小空间作业：部分机组内部零件、设备的吊装，需要采用葫芦、卷扬机等轻小型起重设备，在狭小空间内完成，极易因为环境空间的因素导致机械伤害、起重伤害、物体打击等事故的发生。

（2）作业工序及相应风险。

1）起重作业前准备。部分起重吊装作业，尤其是大件吊装作业前，未对周围环境进行清理、整顿；未及时清理障碍物或者未清理所吊物件上的杂物等，极易在吊装过程中发生物体打击、机械伤害、起重伤害等事故。

2）吊具、吊点、钢丝绳的选择。起重工对所吊物件的构造、重量、形状等不清楚；有专用吊具而未采用；在选择吊点、吊具、钢丝绳前未经过计算分析，导致选择错误；所选钢丝绳存在缺陷达到报废标准等；极易酿成吊物脱落，造成设备损伤、人身伤害等事故。

3）吊具的安装、钢丝绳的捆绑。吊具安装错误；钢丝绳捆绑不牢；卡扣不牢固存在缺陷导致在吊装过程中吊物坠落伤害到人或者设备。

4）吊装。在吊物移动过程中，存在倾覆坠落风险，易损伤设备或伤害作业人员。吊物安装过程中，易因为起重作业人员与安装人员配合不到位，或安装工艺未严格按照工序操作等因素导致人身、设备伤害。

5）拆除吊具、钢丝绳。拆除吊具、钢丝绳时容易因为拆除方法不当或者吊钩未停稳、吊物未安装完成造成打击伤害等。

（3）常见违章风险分析。

1）起重工指挥信号不明确、指挥信号错误；捆绑吊物或安装吊具时违章操作等，容易造成起重伤害。

2）起重工工作过程中转移注意力，与其他作业人员嬉笑打闹，吊物移动时，未及时跟随关注，容易造成起重伤害、物体打击等。

3）涉及高处作业，尤其是短时间的高处作业，不系安全带，未采取相应的防范措施，造成高处坠落等事故的发生。

二、起重工应具备的安全技能

（1）使用的工器具，其技术性能和完好情况应符合安全规定。工器具用毕应妥善维护保管。

（2）起重作业中，未经批准，不得对起重机的各部件进行改装或更换。

（3）在高压线路或带电体附近作业时，起重臂、钢丝绳、吊钩、重物应按规定要求与高压线路或带电体保持相应安全距离。

（4）已吊起的重物作水平方向移动时，应使重物高出最高障碍物不小于 0.5m；严禁任何人在吊件下停留或作业。

（5）制造、安装扒杆式起重设施，应严格执行技术措施方案，各式扒杆的端部应牢固。上端应用缆绳拉紧，下端拴牢。

（6）多台千斤顶同时作业时，千斤顶轴心与重物荷重作用线的方向应保持一致。各台千斤顶的动作应同步、均衡。

（7）锚定手摇绞车或电动卷扬机的地锚，应有足够的深度。其结构强度应加以验证。

（8）安装卷扬机时，应使卷筒与钢丝绳工作方向相垂直。第一个导向滑轮至卷筒的水平距离不应小于 6m。

（9）钢丝绳在卷筒上应排列整齐防止重叠。工作时卷筒上至少留有 3 圈。

（10）开动卷扬机前的准备和检查工作，应符合下列要求：

1）清除工作范围内的障碍物。

2）指挥人员和司机应预先确定联系信号，并熟悉记牢，以便工作协调：①重物或指挥人员应在司机视线之内；当指挥人员不在司机视线之内时，应设置逐级指挥；②检查各起重部件，如钢丝绳、滑轮、卡扣、吊钩、齿轮等，如有损坏应及时修理；③检查转动部分，特别是刹车装置应灵敏可靠。如有问题，应及时修理或调整。

（11）用手动卷扬机提升重物时，棘轮卡子片应在棘轮轮齿上。

（12）手动卷扬机工作完毕后，应取下手柄。

（13）电动起重机在运转中变换方向，应待停稳后，再开始逆向运转，运转速度应由慢到快，逐挡进行。

（14）司索人员在起重作业中应执行下列要求：

1）对使用的吊索、吊链、卡扣等工器具进行检查合格后方可使用。

2）应按照施工技术措施规定的吊点、吊运方案司索。

3）严禁人员乘坐吊车吊钩进行升降。

4）严禁对埋在地下的重物司索、起吊。

5）在吊运零碎散件物品时，应使用吊筐，不得使用无栏杆的平板散装。

6）捆绑边棱角锋利的物体，应用软物包垫。

7）严禁将锚固在地上的附着物和其他杂物与重物捆绑在一起。

8）重物应绑扎牢固，吊索夹角不得大于60°。

9）吊钩应在重物的重心线上，严禁在倾斜状态下拖拉重物。

10）起吊大件或体形不规则的重物时，应在重物上拴牵引绳。

11）起吊重物离地面10cm时，应停机检查绳扣、吊具和绑扎的可靠性，确认无问题后，方可继续起吊。

12）重物吊至指定位置后，应放置平稳、确认无误后，方可松钩解索。

（15）起重作业指挥人员应符合下列要求：

1）在起重作业中，指挥人员应是唯一的现场指挥者，并不得脱岗。

2）指挥人员应使用对讲机或指挥旗与哨音，或标准手势与哨音进行指挥。

3）应按照施工技术措施规定的吊运方案指挥。

4）指挥机械起吊设备工件时，应遵守吊车司机的安全技术要求。

5）指挥两台起重机抬一重物时，指挥者应站在两台起重机司机都能看到的位置。

第七节 钢筋工安全知识和技能

一、钢筋工应掌握的安全知识

1．作业安全知识

（1）钢材、半成品等应按规格、品种分别堆放整齐，制作场地要平整，工作台要稳固，照明灯具必须加网罩。

（2）拉直钢筋，卡头要卡牢，地锚要结实牢固，拉筋沿线 2m 区域内禁止行人。人工绞磨拉直，不准用胸、肚接触推杠，并缓慢松解，不得一次松开。

（3）展开盘圆钢筋要一头卡牢，防止回弹，切断时先用脚踩紧。

（4）人工断料，工具必须牢固。打锤要站成斜角，注意扔锤区域内的人和物体。切断小于 30cm 的短钢筋，应用钳子夹牢，禁止用手把挟，并在外侧设置防护箱笼罩。

（5）多人合运钢筋，起、落、转、停动作要一致，人工上下传送不得在同一垂直线上。钢筋堆放要分散、稳当，防止倾倒和塌落。

（6）在高处、深坑绑扎钢筋和安装骨架，须搭设脚手架和马道。

（7）绑扎立柱、墙体钢筋，不得站在钢筋骨架上和攀登骨架上下。柱筋在 4m 以内，重量不大，可在地面或楼面上绑扎，整体竖起；柱筋在 4m 以上，应搭设工作台。柱梁骨架，应用临时支撑拉牢，以防倾倒。

（8）绑扎基础钢筋时，应按施工设计规定摆放钢筋支架或马凳架起上部钢筋，不得任意减少支架或马凳。

（9）绑扎高层建筑的圈梁、挑檐、外墙、边柱钢筋，应搭设外架或安全网。绑扎时挂好安全带。

（10）起吊钢筋，下方禁止站人，必须待钢筋降落到地 1m 以内方准靠近，就位支撑好方可摘钩。

2．作业安全风险

（1）作业环境风险。

在水电工程中，钢筋工是最常见的工种之一，钢筋工的主要作业内容是钢筋的加工、运输、绑扎安装等工作，主要存在的作业环境风险如下：

1）触电风险：因电源线或机械设备漏电导致钢筋带电，使钢筋作业人员触电。

2）坍塌、倒塌风险：绑扎立面、顶面钢筋时，因未固定好钢筋网或钢筋网受到拉、挂等外力作用时有可能发生坍塌或倒塌事故。

3）粉尘危害风险：在对钢筋进行除锈、焊接、切割过程中产生的粉尘，如果不能有效控制，就容易导致粉尘危害。

（2）作业工序及相应风险。

1）机械伤害风险：钢筋机械主要有钢筋除锈机、切断机、弯曲机、调直机、冷拉机、对焊机等。使用这些机械时有可能因机械转动部位防护不到位或机械故障等原因导致的机械伤害。

2）高处坠落风险：在钢筋绑扎安装过程中存在大量高处作业，如果安全防护不到位，未采取系挂安全带等保险措施，及易发生高处坠落事故。

3）其他风险：如被尖锐的钢筋头划伤、与钢筋发生碰撞等伤害。

（3）常见违章风险分析。

由于高处作业未系挂安全带、未设置有效的防护设施、作业平台铺设不规范或未铺设作业平台等均容易造成失足跌落而发生高处坠落事故。

高处坠落、机械伤害、触电是钢筋工的主要风险。

二、钢筋工应具备的安全技能

1. 钢筋冷轧安全技能要求

（1）冷轧机操作工人须经过专业培训，熟悉冷轧机构造、性能以及保养和操作方法，方可进行操作。

（2）作业前，应仔细检查传动部分、电动机、轧辊。

（3）在送料前，应先开动机器，空载试运转正常后，方可作业。

（4）冷轧钢筋前，应先了解被轧钢筋的硬度，不得冷轧超过规定硬度的钢筋。

（5）轧辊转动时，两手不得靠近轧辊；轧出的钢筋，不得往外硬拉。

（6）送料时，不应使钢筋在导管内重叠。

（7）在进料口前方和出料口后方，均应装置导槽；作业时，严禁非作业人员接近。

2. 钢筋冷拉安全技能要求

（1）应根据冷拉钢筋的直径，合理选用卷扬机。卷扬钢丝绳应经封闭式导向滑轮并和被拉钢筋水平方向成直角。卷扬机的位置应使操作人员能见到全部冷拉场地，卷扬机与冷拉中心距离不得少于 5m。

（2）冷拉场地应在两端地锚外侧设置警戒区，并应安装防护栏及警示标志。无关人员不得在此停留。操作人员在作业时应离开钢筋 2m 以外。

（3）用配重控制的设备应与滑轮匹配，并应有指示起落的记号，没有指示记号时应有专人指挥。配重框提起时的高度应限制在离地面 30cm 以内，配重架四周应设栏杆及警示标志。

（4）作业前，应检查冷拉夹具，夹齿应完好，滑轮、拖拉小车应润滑灵活，拉钩、地锚及防护装置均应齐全牢固，确认良好后，方可作业。

（5）卷扬机操作人员应看到指挥人员发出的信号，并待无关人员离开后方可作业。冷拉应缓慢、匀速，当有停车信号或见到有人进入危险区时，应立即停拉，并稍稍放松卷扬机钢丝绳。

（6）用延伸率控制的装置，应装设明显的限位标志，并应有专人指挥。

（7）夜间作业的照明设施应装设在张拉危险区外，当需要装设在场地上空时，其高度应超过 5m，灯泡应加防护罩，导线严禁采用裸线。

（8）作业后，应放松卷扬机钢丝绳，落下配重，切断电源，锁好开关箱。

3．钢筋人工平直安全技能要求

（1）作业前应检查矫正器，矫正器应牢固、扳口无裂口、锤柄应坚实。

（2）钢筋解捆时，作业人员不得站在弹出的一面。

（3）在回直时应把扳手把平，若钢筋有扭转不平时，应将扳手适当使力。

（4）在进行人工平直钢筋时，抡锤人员周围应无其他人。

（5）抡锤人不得戴手套。

（6）抡锤人的对面不得有人，严禁两人面对面进行抡锤操作。

（7）不得用小直径工具弯动大直径的钢筋。

4．钢筋机械调直安全技能要求

（1）操作人员，应熟悉钢筋调直机的构造、性能、操作和保养方法。

（2）作业前应检查主要结合部分的牢固性和转动部分的润滑情况，机械上不得有其他物件和工具。

（3）料架料槽应安装平直，应对准导向筒、调直筒和下切刀的中心线。

（4）应用手转动飞轮，检查传动机构和工作装置，调整间隙，紧固螺栓，确认正常后，启动空运转，并应检查轴承无异响，齿轮啮合良好，运转正常后方可作业。

（5）应按调直钢筋的直径，选用适当的调直块及传动速度。调直块的孔径应比钢筋直径大 2 ~ 5mm，传动速度应根据钢筋直径选用，直径大的宜选用慢速，经调整合格，方可送料。

（6）在调直块未固定、防护罩未盖好前不得送料；作业中，严禁打开各部防护罩并调整间隙。

（7）当钢筋送入后，手与曳轮应保持一定距离，不得接近。

（8）送料前，应将不直的钢筋端头切除。导向筒前应安装一根 1m 长的钢管，钢筋应先穿过钢管再送入调直前端的导孔内。

（9）经过调直后的钢筋如仍有慢弯，可逐渐加大调直块的偏移量，直到调直为止。

（10）钢筋调直到末端时，人员应躲开。

（11）作业中如发现传动部分有不正常的声音等情况，应立即停车检查，不得使用。

（12）应经常注意轴承的温度，如果温升超过60℃时，应停机检查原因。

（13）机械作业时，操作人员不得离开工作岗位。

5．钢筋切断安全技能要求

（1）安放切断机时，应选择较坚实的地面，安装平稳，固定式切断机应有可靠的基础，移动式切断机作业时应楔紧行走轮。

（2）接送料的工作台面应和切刀下部保持水平，工作台的长度可根据加工材料的长度确定。

（3）启动前，应检查并确认切刀无裂纹，刀架螺栓紧固，防护罩牢靠。然后用手转动皮带轮，检查齿轮啮合间隙，调整切刀间隙。

（4）启动后，应先空转，检查各传动部分及轴承运转正常后，方可作业。

（5）机械未达到正常转速时不得切除。切料时应使用切刀的中下部位，紧握钢筋对准刃口迅速投入，操作者应站在固定刀片一侧用力压住钢筋。严禁用两手握住钢筋俯身送料。

（6）不得剪切直径及强度超过机械铭牌规定的钢筋和烧红的钢筋；一次切断多根钢筋时，其总面积应在规定范围内。

（7）剪切低合金钢时，应更换高硬度的切刀，剪切直径应符合铭牌规定。

（8）切断短料时，手与切刀之间的距离应保持在15cm以上，如手握端小于40cm时，应采用套管或夹具将钢筋短头压住和夹牢。

（9）运转中，严禁用手直接清除切刀附近的断头和杂物。钢筋摆动周围和切刀周围，不得停留非作业人员。

（10）当发现机械运转不正常、有异常响声或切刀歪斜时应立即停机检修。

（11）作业后，应切断电源，用钢筋清除切刀间的杂物，进行整机清洁润滑。

（12）液压传动式切断机作业前，应检查并确认液压油位及电动机旋转方向符合要求；启动后，应空载运转，松开放油阀，排净液压缸体内的空气，方可进行切筋。

（13）手动液压式切断机使用前，应将放油阀旋紧，切割完毕后，应立即旋松；作业中，手应持稳切断机，并戴好绝缘手套。

（14）操作机器，应由专人负责，严禁其他人员擅自开动。

6．钢筋人工弯曲安全技能要求

（1）作业前应先对扳子等工具进行检查，工具应良好。

（2）拉板子的人，应在扳口卡好后才能用力拉，不得用力过猛。

（3）在同一工作台上，两头弯钢筋时应互相配合。

（4）工作区四周，不得随便堆放材料和站人。

7．钢筋机械弯曲安全技能要求

（1）安置钢筋弯曲机时，应选择较坚实的地面，安装平稳，铁轮应用三角木块塞好，四周应有足够搬动钢筋的场地。

（2）作业前，应对各部机件进行检查，其运行情况应正常。

（3）导线应绝缘良好，并应装好漏电保护装置。

（4）机器的使用应由专人负责，作业时应精神集中。

（5）作业前先试车检查回转方向，作业时先将钢筋插好，然后开车回转。

（6）应根据钢筋直径大小选择快慢速，并随时注意电动机的温度，必要时应停机冷却。

（7）检查修理或清洁保养工作，均应在停机、切断电源后进行。

（8）钢筋应贴紧挡板，注意放入插头的位置和回转方向，不得开错。

（9）弯曲长钢筋时，应有专人扶住，并站在钢筋弯曲方向的外面，互相配合，不得拖拉。

（10）调头弯曲，应防止碰撞人和物，更换插头、加油和清理，均应停机后进行。

（11）工作台和弯曲机台面应保持水平，作业前应准备好各种芯轴及工具。

（12）应按钢筋加工的直径和弯曲半径的要求装好相应规格的芯轴和成型挡铁轴，芯轴直径应为钢筋直径的 2.5 倍，挡铁轴应有轴套。

（13）挡铁轴的直径和强度不得小于被弯钢筋的直径和强度。不直的钢筋，不得在弯曲机上弯曲。

（14）应检查并确认芯轴、挡铁轴、铁盘等无裂纹和损伤，防护罩坚固可靠，空载运转正常后，方可作业。

（15）作业时应将钢筋需弯一端插入转盘固定销的间隙内，另一端紧靠机身固定销，并用手压紧，应检查机身固定销并确认安放在挡住钢筋的一侧，方可开动。

（16）作业中，严禁更换芯轴、销子和变换角度以及调速，也不得进行清扫和加油。

（17）对超过机械铭牌规定直径的钢筋严禁弯曲。在弯曲未经冷拉或带有锈皮的钢筋时，应戴防护镜。

（18）弯曲高强度或低合金钢筋时，应按机械铭牌规定换算最大允许直径并应调换相应的芯轴。

（19）在弯曲钢筋的作业半径内和机身不设固定销的一侧严禁站人；弯曲好的半成品，应堆放整齐，弯钩不得朝上。

（20）转盘换向时，应待停稳后进行。

（21）作业后，应及时清除转盘及插入座孔内的铁锈杂物。

8. 除锈作业安全技能要求

（1）作业时应戴好防尘口罩、防护镜等防护用品；操作人员应站在上风的地方，在下风的地方不得有人停留。

（2）利用旋转钢丝刷除锈时，手不应离旋转刷太近。

（3）带钩的钢筋严禁上机除锈。

（4）除锈应在基本调直后进行，操作时应放平握紧，站在钢丝刷侧面。

（5）钢筋的除锈工作应在人少的地方进行。

9. 钢筋运输与堆放安全技能要求

（1）人工搬运钢筋时，应动作一致，在起落、停止和上下坡道或拐弯时，应互相呼应，步伐稳慢。应注意钢筋头尾摆动。

（2）搬运及堆放钢筋时，钢筋与电力线路应保持安全距离。

（3）人工垂直运送钢筋时，应搭设马道和防护栏，并应先对绳索绑扣等机具进行检查，绳索绑扣等机具应牢固。上边接料人员，应挂好安全带，站在防护栏内操作，吊运时垂直下方严禁站人。

（4）吊运钢筋时，应捆绑牢固，吊点设置应合理，宜设在钢筋长度的 1/4 处，吊运时钢筋应平稳上升，不得超重起吊，严禁单吊点起吊。

（5）起吊钢筋或钢骨架时，下方严禁站人，待钢筋骨架降落至离地面或转运平台安装标高1m以内人员方可靠近操作，待就位加固后，方可摘钩。

（6）钢筋在运输和储存时，应保留标牌，并按类别批次分别堆放整齐，避免锈蚀和污染。

（7）钢筋或骨架堆放时，应垫方木或混凝土块。堆放带有弯钩的半成品，最上一层钢筋的弯钩，应朝上。

（8）临时堆放钢筋，不得过分集中，应考虑模板、平台或脚手架的承载能力；在新浇混凝土强度未达到1.2MPa前，不得堆放钢筋。

10. 钢筋绑扎安全技能要求

（1）高处绑扎钢筋，应搭有稳固的脚手架和工作平台。

（2）进出仓面应使用相应的爬梯，严禁任何人在钢筋上行走或站立。

（3）在脚手架或平台上放置钢筋时严禁超过规定质量。

（4）在低处向上传递钢筋时，每次只能传递一根，若用绳索往上吊时，其绳索应有足够的强度。绑扎应牢固。

（5）与电焊工配合作业时，不得正视电焊弧光。

（6）钢筋严禁和电线接触，夜晚照明线应架高走边。

（7）使用的工器具、零星材料等不得放在钢筋上。

（8）在起吊预制的钢筋和骨架前，应对其进行检查，其本身的结构和各部件的连接应牢固可靠。

（9）在洞内绑扎顶拱钢筋时，应在拱模两头外侧搭设脚手架，并铺好脚手板。

（10）钢筋往顶拱运送时，不得强推。

第八节　灌浆工安全知识和技能

一、灌浆工应掌握的安全知识

（一）作业安全知识

1．地基与基础工程灌浆施工作业要求

（1）泥浆搅拌机进料口及皮带、暴露的齿轮传动部位应设有安全防护装置及防护罩。

（2）施工人员进入搅拌槽内检修之前，应切断电源，开关箱应加锁，并挂上“有人操作，严禁合闸”的警示标志。

（3）使用泥浆泵输送泥浆时，应遵守下列要求：

1）启动前应检查泥浆泵及防护装置并拧紧所有紧固件，泥浆泵应安装的周正平稳、防护装置应完好；检查连杆衬瓦间、十字头销间和曲柄轴轴径间等各部位间隙，其间隙应符合要求，齿轮箱内及各摩擦部位润滑油应足量和清洁；检查离合器，离合器应灵敏有效。

2）检查压力表和安全阀，压力表应指示正确，安全阀应开启灵活。

3）检查泥浆泵皮带，其位置应正确、松紧程度应适当、防护罩应完好。

4）严禁在运转时修理机器及调整零件。机器各部应无冲击声、排水应均匀、应无漏油漏水。

5）输送泥浆后，应立即用清水清洗泵体内积存物，冬季施工

停泵时间较长时，应放净泵体内莲蓬头和管路中的冲洗液，并用清水清洗干净，严防冻坏机器。

（4）灌浆作业应遵守下列要求：

1）灌浆前，应对机械、管路系统进行认真检查；检查栓塞卡，其位置应正确、应卡牢、管路连接应可靠。

2）对高压调节阀应设置防护设施。

3）处理搅浆机机内故障时，传动皮带应卸下。

4）灌浆中应有专人控制高压阀门并监视压力指针摆动。

5）在运转中，安全阀应确保在规定压力时动作。经校正后不得随意调节。

6）对曲轴箱和缸体进行检修时，不得一手伸进试探、另一手同时转动工作轴，更不得两人同时进行操作。

2．水泥灌浆安全技能要求

（1）灌浆前，应对机械、管路系统进行认真检查，并进行10~20分钟该灌注段灌浆压力的漏压试验，高压调节阀应设置防护设施。

（2）搅浆人员应正确穿戴防尘保护用品。

（3）压力表应经常校对，超出误差允许范围不得使用。

（4）处理搅浆机故障时，传动皮带应卸下。

（5）灌浆中应有专人控制高压阀门并监视压力指针摆动，避免压力突升或突降。

（6）灌浆栓塞下孔途中遇有阻滞时，应起出后扫孔处理，不得强下。

（7）在运转中，安全阀应确保在规定压力时动作，经校正后不得随意调节。

（8）对曲轴箱和卸体进行检修时，不得一手伸进探试，另一手同时转动工作轴，更不得两人同时进行此动作。

3. 化学灌浆安全技能要求

（1）施工准备，应遵守下列要求：

1）查看工程现场，搜集全部有关设计和地质资料，做现场施工布置与检修钻灌设备等准备工作。

2）材料仓库应布置在干燥、凉爽和通风条件良好的地方，配浆房的位置设置在阴凉通风处，距灌浆地点不宜过远，以便运送浆液。

3）做好培训技工工作，培训内容包括化灌基本知识、作业方法、安全防护和施工注意事项等。

4）根据施工地点和所用的化学灌浆材料，设置有效通风设施。尤其是在大坝廊道、隧洞及井下作业时，应保证能够将有毒气体彻底排除现场，引进新鲜空气。

5）施工现场应配备足够的消防设施。

（2）灌浆应遵守下列要求：

1）灌浆前应先行试压，以便检查各种设备仪表及其安装是否符合要求，止浆塞隔离效果是否良好，管路是否畅通，有无渗漏现象等，只有在整个灌浆系统畅通无泄漏的情况下方可开始灌浆。

2）灌浆时，严禁浆管对准工作人员，注意观察灌浆孔口附近有无返浆、跑浆、串漏等异常现象，发现异常现象要及时处理。

3）灌浆结束后，止浆塞应保持封闭不动，或用乳胶管封口，以免浆液流失和挥发。施工现场应及时清理，用过的灌浆设备和器皿应用清水或丙酮及时清洗，灌浆管路拆卸时，应同时检查其腐蚀堵塞情况并予处理。

4）清理灌浆时落弃的浆液，可使用专用小提桶盛装。妥善处理，严禁废浆液流入水源、污染水质。

（3）施工现场应遵守下列要求：

1）易燃药品不允许接触火源、热源和靠近电器设备，若需加温可用水浴等方法间接加热。

2）不得在现场大量存放易燃品，施工现场严禁吸烟或使用明火，严禁非工作人员进入现场。

3）加强灌浆材料的保管，按灌浆材料的性质，采取不同的存储方法，防曝晒、防潮、防泄漏。

4）遵守环境保护的有关规定，防止化学材料对环境造成污染，尤其应注意施工时地下水的污染。

5）施工中的废浆、废料应及时清洗，设备、管路的废液应集中妥善处理，不得随意排放。

（4）劳动保护应遵守下列要求：

1）化学灌浆施工人员，应穿防护工作服，根据浆材的不同，佩戴橡胶手套、眼镜、防毒口罩。

2）当化学药品溅到皮肤上时，应用肥皂水或酒精擦洗干净，不得使用丙酮等渗透性较强的溶剂洗涤。

3）当浆液溅到眼睛时，应立即用大量清水或生理盐水彻底清洗，冲洗干净后迅速到医院检查治疗。

4）严禁在施工现场进食。

5）对参加化学灌浆工作的人员，应根据有关规定，定期进行健康检查。

（5）事故处理应遵守下列要求：

1）运输中若出现盛器破损，应立即更换包装、封好，液体药品用塑料盛器为宜，粉状药物和易溶药品应分开包装。

2）玻璃仪器破损，致人体受伤，应立即进行消毒包扎。

3）试验设备仪器发生故障，应立即停止运转，关掉电源，进行修复处理。

4）发生材料燃烧或爆炸时，应立即拉掉电源，熄灭火源，抢救受伤人员，搬走余下药品。

（二）作业安全风险

（1）作业环境风险。

灌浆作业现场一般在廊道内，廊道中孔洞无防护，照明不足，现场积水，通风不良均存在以下风险：

1）高处空坠落风险：孔、洞未进行防护。

2）高处坠落或机械伤害风险：照明不足。

3）触电风险：廊道施工未使用安全电压，场地积水、潮湿，灯具使用不当，电器设备未接地、灯具线路漏电，未安装漏电保护器。

4）中毒风险：化学灌浆时通风不良可能会造成职业中毒。

（2）作业工序及相应风险。

在钻探灌浆施工过程中，主要有灌浆机、制浆机、搅拌桶、压力表等设备和仪表。操作不当存在以下风险：

1）机械设备风险：机械运行时，直接用手或其他器具伸入制浆机、搅拌桶内测试浆液浓度或排除杂物；机械设备传动部位无安全防护罩；曲轴箱和缸体进行检修时，一手进行探试，一手搬工作轮同时进行；不停机对设备进行检修等可能会造成机械伤害事故。

2）触电风险：洞室作业不使用安全电压；电线老化等可能会造成触电事故。

3）物体打击风险：灌浆中压力表无专人看管，压力突升可能会造成送浆管爆裂导致事故。

（3）常见违章风险分析。

1）员工违章作业：机械运行和维修时不遵守安全操作规程；化学灌浆时未进行个人防护，存在现场抽烟、吃饭等现象，存在侥幸心理。

2）管理缺陷：安排无特种作业人员证（如电工、焊工等）等作业人员从事相关作业，岗前未进行安全培训教育，现场不安全状态未告知，危险作业部位无警示标识。

二、灌浆工应具备的安全技能

（1）拆、装钻架时分工明确，应有专人指挥。

（2）安装钻架前应对架腿、滑轮、钢丝绳等进行检查，架腿、滑轮、钢丝绳等应符合安全要求。上架时，作业人员不得脚穿容易滑跌的硬底鞋，应系好安全带。工具、螺丝等应放在工具袋中。

（3）拆、装钻架时，严禁架上、架下同时作业，钻架及所有机械设备的各部位螺丝应上紧，铁线、绳子应捆绑结实。

（4）机械传动的皮带或链条应配备防护罩，设备的安装应平稳可靠。

（5）钻架若整体移动时，移动前应清除移动范围内的障碍物，用人抬起钻架离地面不应超过 30cm，做到同起同落。

（6）开动钻机时应对各机件进行检查，各机件的状态应正常；离合器应灵敏可靠；在确认机器转动部位无人靠近后，方可开机。

（7）操作离合器应平稳、严禁离合器处于似离不离的状态。

（8）钻机需要变速时，应先确认机械正常运转，再拉开离合器，切断动力再变速。

（9）机械转动时不得拆装零件和擦洗运转部位。

（10）对机械各部位应经常检查，发现异常现象应及时采取措施处理。

（11）升降钻具、灌浆机具过程中应遵守下列要求：

1）钻具升降过程中，操作人员应注意天车、卷扬和孔口部位；

2）提升的最大高度，以提引器距天车不得小于 1m 为准；遇特殊情况时，应采取可靠安全措施；

3）操作卷扬机，不得猛刹猛放；任何情况下都不得用手或脚直接触动钢丝绳，如缠绕不规则时，可用木棒拨动；

4）孔口操作人员，应站在钻具起落范围以外，摘挂提引器时应注意回绳碰打；

5）起放各种钻具，手指不得伸入下管口提拉，不得用手去试探岩芯，应用一根有足够拉力的麻绳将钻具拉开；

6）孔口人员抽插垫叉时，不得手扶垫叉底面，跑钻时严禁抢插垫叉。

第九节 汽车驾驶员安全知识和技能

一、汽车驾驶员应掌握的安全知识

1. 作业安全知识

（1）驾驶员应持有效驾驶证、行驶证，不得驾驶与证件不相符合的车辆。严禁私自将车辆交给他人驾驶。

（2）车辆不得超载运行，不得带病作业。发动机未熄火前，不得加添油料。

（3）车辆上应按规定配备灭火器，设置在明显、方便摘取的位置。

（4）油料着火时应用灭火器、砂土、湿麻袋等物扑救。电线着火时，应立即关闭启动开关、拆除一根蓄电池电线以切断电源。

（5）每日第一次发动机启动前，应按照例行保养规定的项目，做好各项检视工作。

（6）启动时应拉紧手制动器，变速杆应放在空挡位置，有动力输出的车辆应将取力器操作杆（或操作开关）置于空挡或脱离位置，自卸汽车的车厢举升开关应处于停止位置。

（7）带有液压助力转向装置的汽车，在液压油泵缺油的情况下，严禁启动发动机。

（8）冬季严禁用火烘烤燃油管路、燃油箱，汽油发动机应用热水、蒸汽预热。柴油机除采用上述方法外，还可烘烤机油盘。使用气动刹车装置的车辆应排除储气筒及管路的油水。

（9）发动机启动后，按例行保养规定进行启动后的检视工作。

待温度上升后，经低、中、高速运转，检查发动机应无异响，各仪表、警告信号或蜂鸣器的工作情况应正常，无漏油、漏水、漏气、漏电、特殊气味。保修后第一次启动发动机，还应检查液力转向助力器的液压油油位。

（10）严禁在陡坡、冰雪、泥泞等情况复杂的路段，采用拖、推、滑行等方法启动发动机。

（11）起步前各部位应处于正常状态，温度、气压表读数符合规定，全部警告信号解除。

（12）上坡起步时应使用手制动器。

（13）在冰雪或泥泞道上起步时，不得猛踩加速踏板、猛抬离合器踏板，使车辆遭受来回冲击方法来实现起步。

（14）应根据车型、拖载、道路、气候、视线和当前的交通情况，在交通规则规定的范围内，确定适宜的行驶速度，在良好的平路上，应使用经济车速，严禁超速行驶。

（15）后车与前车应保持安全距离，在公路上行驶时，应不小于30m。高速公路上行驶，车速超过每小时 100km 时，应当与同车道前车保持 100m 以上的距离，车速低于每小时 100km 时，与同车道前车距离可以适当缩短，但最小距离不得少于 50m。遇气候不良、雾、雨、雪或道路不明时，还应适当延长。

（16）行驶时引擎应无杂声，电气部分应无异味散发。

（17）工地运输的所有车辆严禁搭乘与工程建设无关的人员。

（18）严禁熄火滑行。

（19）通过无信号灯、无交警指挥及视线不清的交叉路口或转弯时，时速不得超过 30km。

（20）发生交通事故应立即停车，保护现场，为了急救受伤者而应移动现场时，应设置警示标志，立即报警。

（21）倒车应观察四周地形及道路，显示倒车信号，注意车辆转向，防止碰撞，时速不得超过5km/h，缓行倒退，应有专人指挥。

（22）车辆静止时，严禁强力扭转方向盘。

（23）严禁在坡道、急弯、桥梁、隧洞或公路与铁路交叉处、路口和设有严禁调头标志路段上进行调头。载客车辆严禁在上坡道上向下倒车。

（24）机动车辆应符合以下要求：

1）车辆制动、方向、灯光、音响等装置良好、可靠，经政府车检部门检测合格。

2）按规定配备相应的消防器材。

3）冰雪天气运输应配备有防滑链条、三角木等防滑器材。

4）油罐车等特种车辆按国家规定配备安全设施，并涂有明显颜色标志。

5）水泥罐车密封良好，不得泄漏。

6）工程车外观颜色鲜明醒目、整洁。

（25）施工现场驾驶车辆时注意事项：

1）运送超宽、超长或重型设备时，事先应组织专人对路基、桥涵的承载能力、弯道半径、险坡以及沿途架空线路高度、桥洞净空和其他障碍物等进行调查分析，确认可靠后方可办理运输事宜。

2）车辆涉水过河前，应先了解水深及河床情况，不得冒险行车。水面超过汽车排气管时不得行车过河。

3）车辆在泥泞坡道上或冰雪路上行驶时，应安装防滑链，并减速行驶。

4）自卸汽车、油罐车、平板拖车及拖拉机除驾驶室外，严禁乘人。驾驶室严禁超额载人。

5）各种机动车辆均严禁带病或超载运行。

6）当拖带车辆时，原则上应以大吨位车拖带同吨位或小吨位车，严禁以空车拖带重车。被拖车辆的方向、制动性能均应工作正常，夜间作业时应有照明。

2．作业安全风险

（1）作业环境风险。

在水利水电施工过程中，大量人员、设备转移，材料运输，土石方开挖，混凝土浇筑，机组安装等都需要汽车运输，主要存在以下作业环境风险：

1）场外交通事故风险：由于运输工作量大，场外交通环境状况复杂，存在许多不确定因素，交通事故风险大。

2）场内交通事故风险：场内交通道路状况复杂，条件差，容易发生场内车辆伤害事故。

（2）作业工序及相应风险（主要是机械及操作层面）。

作业工序风险主要体现在以下几方面：

1）车辆的灯光、转向、制动、报警系统或装置失灵，操作失控引发碰撞、碾压、挤压、倾翻等事故。

2）汽车电气线路搭铁引发车辆火灾事故。

3）车辆行驶时单轮涉水、冰雪路面、紧急刹车、突然爆胎等情况引发侧滑翻车事故。

（3）常见违章风险分析（主要是人的方面）。

1）驾驶车辆速度过快，遇弯道、行人、障碍、会（超）车等情况，操作不当，引发交通事故。

2）酒后驾车、疲劳驾驶、客货混载、装载超限（超重、超高、超宽）等违章行为引发交通事故。

3）违反交通规则和制度规定，私教他人驾车、无证驾车、驾驶非准驾车辆等引发交通事故。

4）驾驶自卸汽车临空弃料时倒车越限翻车、不落斗前进触及高压电线。

5）空挡溜车、停车位置不当溜车等引发伤害事故。

6）检修车辆或强行拖拽故障车辆时方法不当、误操作引发伤害事故。

二、汽车驾驶员应具备的安全技能

1. 行车安全技能要求

（1）行驶中不得将脚踩在离合器踏板上，并避免使用紧急制动，行驶中应注意避让尖石、铁钉、棱角物、碎玻璃等物并及时剔除嵌入轮胎间的石块。

（2）过桥时应减低速度，不宜在桥上变速，刹车或停车，对洪水后或不熟悉的桥梁应事先下车观察清楚，方可通过。

（3）重车下坡时，应少用制动，选择合适的挡位，辅以间歇制动，控制车速，不宜紧急制动。

（4）雾天行驶应开启防雾灯，按能见度掌握车速，能见度在30m内，则时速不应超过15km，并多鸣短号，严禁超车，能见度在5m以内，应停止行驶。

（5）在冰雪路段行车，应安装防滑链条减速行驶。

（6）拖带故障车时被拖带车的方向，制动应有效。拖带故障车宜采用硬连接牵引装置。

（7）自卸汽车卸料时应注意上方空间应无架空线，卸料后车厢应及时复位并用锁定装置锁定，后挡板在卸料完毕后应立即栓牢。

（8）检查、保养、修理自卸车倾斜装置或向油缸加油时，在车厢举升后应用安全撑竿将车厢顶稳。

（9）装载大型设备通过桥梁时应沿桥中心轴线匀速、缓慢行驶，不得在桥上换挡、停车，严禁其他车辆及行人通行。

（10）装载大型设备通过多孔连拱桥时，为减少连拱受力对拱圈的不利影响，应配备两台载重车与运输车辆保持适当距离同时过桥。

2．日常维护安全技能要求

（1）清洁汽车外表；检查门窗玻璃、刮水器、室内镜、后视镜、门锁与车窗升降器等是否齐全有效。

（2）检查散热器水量、曲轴箱内机油量、传制动液压油量、燃料箱内燃油储量等是否符合要求；并检查上述设备盖是否齐全有效。

（3）检查行车证件、牌照、喇叭、灯光是否齐全、工作有效、安装牢靠。

（4）检查转向机构等连接部位是否有松动、安装是否牢固可靠。

（5）检查轮胎气压，并清除胎间及胎纹间杂物、小石子应挖出。

（6）检查轮毂轴承是否有松动。

（7）启动发动机，察看仪表工作是否正常，检查发动机有无异响。

（8）检查有无漏水、漏油、漏气、漏电现象。

3．自卸汽车安全技能要求

（1）向低洼地区卸料时，后轮与坑边要保持适当安全距离，防止坍塌和翻车。

（2）在坚实地区陡坎处向下卸料时，应设置牢固的挡车装置，其高度应不低于车轮外线直径的 1/3，长度不小于车辆后轴两侧外轮边缘间距的 2 倍，同时应设专人指挥，夜间设红灯。

（3）车厢未降落复位，严禁行车。

（4）禁止在有横坡的路面上卸料，以防止因重心偏移而翻车。

（5）当车厢升举，在车辆下做检修维护工作时，应使用有效的撑杆将车厢顶稳，并在车辆前后轮胎处垫好卡木。

4. 油罐车安全技能要求

（1）应有明显的防火标志，配备专用灭火器材，并装有防静电金属链条。

（2）装卸油时严禁穿带有钉子的鞋上下油罐，同时应将接地线妥善接地，以防静电产生火花。

（3）罐车附近禁止有明火或吸烟。

（4）罐车装有油料时，遇雷雨天气严禁停放在大树和高大建筑物之下。

（5）检修油罐时应先除油放气、进行清洗，确认罐内无油、无油气，并在打开加油口后方可焊补，若修理人员欲进入罐内作业，则应配置抽风装置等安全措施。

第十节　施工机械操作人员安全知识和技能

一、施工机械操作人员应掌握的安全知识

（一）作业安全知识

1. 推土机司机

（1）推土机司机应经专业培训，并经考试合格取证后方可上岗

操作。

（2）操作前应检查燃油、润滑油、液压油等符合规定，各系统管路无泄漏，各部机件无脱落、松动或变形；各操纵杆和制动踏板的行程、履带的松紧度或轮胎气压应符合要求；设备的前后灯应工作正常。

（3）发动机启动后应注意事项：

1）怠速运转5分钟以上使水温达到运行温度后方可运行操作；

2）查看各指示灯、仪表指针读数均处于正常范围内；

3）检查离合器、刹车和液压操作系统等应灵活可靠；

4）无异常的振动、噪声、气味；

5）机油、燃油、液压油和冷却水应无渗漏现象；

6）发动机运转正常后蜂鸣器鸣叫应自行消失；在行驶或作业中蜂鸣器鸣叫时，应立即停车检查，排除故障。

（4）发动机运转时，严禁在推土机机身下面进行任何作业。

（5）推土机行驶前，严禁有人站在履带或刀片的支架上。应检查设备四周无障碍物，确认安全后，方可启动。设备在运转中严禁任何人员上下或传递物件。

（6）进行保养检修或加油时，应放下刀片关闭发动机。如需检查刀片时，应把刀片垫牢，刀片悬空时，严禁探身于刀片下进行检查。

（7）操作人员离机时，应把刀片降到地面，将变速杆置于空挡位置，再接合主离合器。

（8）上坡途中当发动机突然熄灭时，应首先将铲刀放置地面，或锁住制动踏板，待设备停稳后断开主离合器，将变速杆放在空挡位置，然后继续启动发动机。严禁溜车启动。

（9）推土机在深沟、基坑或陡坡地带作业时，应有专人指挥引导。

（10）推土机短距离行驶距离不宜超过 10km，应注意检查和润滑行走装置。

（11）推土机停机注意事项：

1）推土机应停放在平坦、安全无任何障碍，且不影响其他车辆通行的地方，严禁停在可能塌方或受洪水威胁的地段。

2）将主离合器分离，落下铲刀，踏下制动踏板，变速杆及进退杆置于空挡位置，再接合主离合器。如在坡上停车时，应在履带下端嵌入止滑挡块。

3）若停机时间较长，应使发动机低速空转 5 分钟后停止；停机前，不许将发动机转速升高。

4）在非紧急情况下不应用减压杆停止发动机。

5）寒冷季节应做到将机身泥土洗净，停于干燥或较硬的地方，放净未加防冻液的冷却水，放净燃油系统内的积水，将液压缸活塞杆表面的水滴擦净。

2．挖掘机司机

（1）挖掘机司机应经专业培训，并经考试合格持证上岗操作。

（2）给设备加油时周边应无明火，严禁吸烟。

（3）发动机启动后应注意事项：

1）怠速运转 5 分钟以上使水温达到运行温度后方可运行操作。

2）查看各指示灯、仪表指针读数均处于正常范围内。

3）检查离合器、刹车和液压操作系统等应灵活可靠。

4）无异常的振动、噪声、气味。

5）机油、燃油、液压油和冷却水应无渗漏现象。

6）发动机运转正常后蜂鸣器鸣叫应自行消失；在行驶或作业中蜂鸣器鸣叫时，应立即停车检查，排除故障。

（4）发动机启动后，任何人员不得站在铲斗和履带上。

（5）挖掘机在作业时，应做到“八不准”。即：不准有一轮处于悬空状态，用以“三条腿”的方式进行作业；不准以单边铲斗斗牙来硬啃岩体的方式进行作业；不准以强行挖掘大块石和硬啃固石、根底的方式进行作业；不准用斗牙挑起大块石装车的方式进行作业；在铲斗未撤出掌子面不准回转或行走；运输车辆未停稳前不准装车；铲斗不准从汽车驾驶室上方越过；不准用铲斗推动汽车。

（6）严禁铲斗在满载物料悬空时行走。装料中回转时，不得采用紧急制动。

（7）严禁用铲斗进行起吊作业，操作人员离开工作岗位应将铲斗落地。

（8）严禁利用挖掘机的回转作用力来拉动重物和车辆。

（9）在行走前，应对行走机构进行全面保养。查看好路面宽度和承载能力，扫除路上障碍，与路边缘应保持适当距离。行走时，臂杆应始终与履带同一方向，提升、推压、回转的制动闸均应在制动位置上。铲斗控制在离地面0.5～1.5m为宜。行走过程每隔45分钟应停机检查行走机构并加注滑润油。电动挖掘机还应检查行走电动机的运转情况。

（10）当转弯半径较小时，应分次转弯，不得急拐。

（11）通过桥涵时，应了解允许载重吨位并确认可靠后方可通行。

（12）挖掘机停机注意事项：

1）挖掘机应停放在坚实、平坦、安全的地方，严禁停在可能塌方或受洪水威胁的地段。

2）停放就位后，将铲斗落地，起重臂杆倾角应降至40°～50°位置。

3）以内燃机为动力的挖掘机，停机前应先脱开主离合器，空转3～5分钟，待发动机逐渐减速后再停机。当气温在0℃以下时，应放净未加防冻液的冷却水。

4）长时间停车时，应做好一次性维护保养工作。对发动机各润滑部位应加注润滑油，堵严各进排气管口和各油水管口。

5）上述作业完毕应进行一次全面检查，确认妥当无误后将门窗关闭加锁。

3．铲运机司机

（1）操作人员应经过专业培训，并经考试合格持证上岗工作。

（2）发动机启动后应注意事项：

1）怠速运转5分钟以上使水温达到运行温度后方可运行操作；

2）查看各指示灯、仪表指针读数均处于正常范围内；

3）检查离合器、刹车和液压操作系统等应灵活可靠；

4）无异常的振动、噪声、气味；

5）机油、燃油、液压油和冷却水应无渗漏现象；

6）发动机运转正常后蜂鸣器鸣叫应自行消失；在行驶或作业中蜂鸣器鸣叫时，应立即停车检查，排除故障。

（3）铲运机作业时，不应急转弯进行铲土。

（4）铲运机正在作业时，不得以手触摸该机的回转部件，铲斗的前后斗门未撑牢、垫实、插住以前，不得从事保养检修等工作。

（5）驾驶员离开设备时，应将铲斗放到地面，将操纵杆放在空挡位置，关闭发动机。

（6）在坡度较大的斜坡，不得倒车、铲运或卸土。

（7）作业完毕，应对铲运机内外及时进行清洁、滑润、调整、紧固和防腐的例行保养工作。

4．装载机司机

（1）装载机司机应经过专业技术培训，经考试合格，持证后方可单独操作。

（2）装载机不应在倾斜度较大或形成倒悬体的场地上作业，挖掘时，掌子面不应留伞檐，不得挖顽石；不应利用铲斗吊重物或载人，推料时不得转向。

（3）应经常检查整机储气罐及压力表、安全阀等零部件运行情况。

（4）寒冷季节应全部放净未加防冻液的冷却水，在更换加有防冻液的冷却水时，应先清洗冷却系统，防冻液的配制应比当地最低气温低 10℃。

5．振动碾司机

（1）振动碾司机应经过专业技术培训，经考试合格，持证后方可单独操作。

（2）作业前，检查和调整振动碾各部位及作业参数，保证设备的正常技术状况和机械性能。

（3）不应在超过 20° 的斜坡路面上强行行驶。

（4）作业完毕应及时做好振动碾的清洁、润滑、调整、紧固和防腐作业。

（二）作业安全风险

（1）作业环境风险。

在水利水电施工过程中，土石方开挖，渣料运输，混凝土输送等均可能需要推土机（挖、装、铲运）作业，主要存在以下作业环境风险：

1）高处坠落风险：推土机、挖掘机、装载机、铲运机、振动碾作业环境中，路基不稳，临空临边无防护以及坡度过大的部位易翻车造成坠落伤害，导致事故的发生。

2）噪声危险风险：推土机、挖掘机、装载机、铲运机、振动碾在作业过程中，噪声强度比较大，如果防噪处理措施不到位，长期在噪声环境下作业，作业人员易引起头晕耳鸣。

（2）作业工序及相应风险。

1）机械伤害风险：推土机、挖掘机、装载机、铲运机、振动碾在作业过程中，无证操作或操作失误、指挥失误等情况容易发生撞车、撞人等伤害，造成机械伤害事故。

2）交通事故风险：推土机、挖掘机、装载机、铲运机、振动碾在行驶过程中，如果没有遵守交通规则和交通秩序或疲劳驾驶，容易发生交通事故。

（3）常见违章风险分析。

由无证人员操作推土机、挖掘机、装载机、铲运机、振动碾作业，易操作失误，发生事故；推土机、挖掘机、装载机、铲运机、振动碾司机疲劳驾驶，注意力无法集中，容易发生机械伤害或交通事故等伤害。

二、施工机械操作人员应具备的安全技能

1. 推土机司机安全技能要求

（1）发动机启动前的准备工作：

1）检查发动机机油油位。

2）检查液压油和燃油箱的油位。

3）检查冷却水箱的水位。

4）检查风扇皮带的张紧度。

5）检查空气滤清器指示器。

6）检查各润滑部位并加添润滑油。

7）将离合器分离，将各操纵杆置于停车位置。

（2）启动发动机时，严禁采用拖、顶的方式进行启动。

（3）推土机在横穿铁路或交通路口时，应左瞻右望，应注意火车、汽车和行人，确认安全后方能通过。在路口设有警戒栏岗处，严禁闯关。通过桥、涵、堤、坝等，应了解其相应的承载能力，低速行驶通过。

（4）推土机上下纵坡的坡度不得超过35°，横坡行驶的坡度不得超过10°。

（5）推土机在深沟、基坑及其他高处边缘地带作业时，应谨慎驾驶，铲刀不得越出边缘，重型推土机铲刀距边缘不宜小于1.5m。后退时，应先换挡，方可提升铲刀进行倒车。

（6）给推土机加油时，严禁抽烟或接近明火，加油后应将油渍擦净。

（7）推树作业时，树干不得倒向推土机及高空架设物。推屋墙或围墙时，其高度不宜超出2.5m。严禁推带有钢筋或与地基基础

连接的混凝土桩等建筑物。

（8）推土机上下坡或超越障碍物时应采用低速挡，上坡不得换挡；推土机下长坡时，应以低速挡行驶，严禁空挡滑行。

（9）推土机在工作中发生陷车时，严禁用另一台推土机的刀片在前后顶推。

（10）推土机发生故障时，无可靠措施不得在斜坡上进行修理。

（11）数台机械在同一工作面作业时，应保持一定距离：前后相距不少于 8m，左右相距在 1.5m 以上。

（12）作业时，应观察四周无障碍。

（13）牵引其他机械设备时，钢丝绳应连接可靠，并有专人负责指挥，起步时，应鸣号低速慢行，待钢丝绳拉紧后方可逐渐加大油门。在坡道或长距离牵引时，应采用牵引杆连接。

（14）原地旋转和转急弯时，应在降低发动机转速的情况之下进行。

（15）过障碍物时，应低速行驶，至障碍物顶部，在将要向前倾倒的瞬间将车停住，待履带前端缓慢着地后再平稳前进。

（16）在崎岖地面应低速行驶，刀片宜控制在离地面约 40cm 即可，不可上升过高，以保持车身稳定。

（17）当推土作业遭到过大阻力，履带产生打滑或发动机出现减速现象时，应立即停止铲推，切不可强行作业。

2．挖掘机司机安全技能要求

（1）铲斗应在汽车车厢上方的中间位置卸料，不得偏装。卸料高度以铲斗底板打开后不碰及车厢为宜。

（2）挖掘机在回转过程中，严禁任何人上下机和在臂杆的回转范围内通行及停留。

（3）运转中应随时监听各部件声音，并监视各仪表指示应在正常范围。

（4）运转中严禁在转动部位进行注油、调整、修理或清扫工作。

（5）挖掘机不宜进行长距离行驶，最长行走距离不得超过5km。

（6）上、下坡道时，严禁中途变速或空挡滑行。

（7）行走中通过风、水、管路及电缆等明设线路和铁道时，应采取加垫等保护措施。

（8）冬季行走遇冰冻、雪天时，轮胎式挖掘机行车轮应采取加装防滑链等防滑措施。

3．铲运机司机安全技能要求

（1）在新填的土堤上作业时，至少应离斜坡边缘1m以上，下坡时不得以空挡滑行。

（2）铲运机在边缘倒土时，离坡边至少不得小于30cm，斗底提升不得高过20cm。

（3）铲运机在崎岖的道路上行驶转弯时，铲斗不得提得太高。在检修和保养铲斗时，应用防滑垫垫实铲斗。

（4）铲运机运行中，严禁任何人上下机械、传递物件，拖把上、机架上、铲斗内均不得有人坐立。

（5）清除铲斗内积土时，应先将斗门顶牢或将铲斗落地再进行清扫。

（6）多台拖式铲运机同时作业时，前后距离不得小于10m。多台自行式铲运机同时作业时，两机间距不得小于20m。铲土时，前后距离可适当缩短，但不得小于 5m，左右距离不得小于 2m。

（7）多台铲运机在狭窄地区或道路上行走时，后机不得强行超越。两车会车时，彼此间应保持适当距离并减速行驶。

4. 装载机司机安全技能要求

（1）检查燃油或加油时，严禁吸烟和用明火实施照明。

（2）装载机行驶时，应将铲斗提升离地面 50cm 左右为宜，行驶中不得无故升降或翻转铲斗，行驶速度应控制在 20km/h 以内，行驶中驾驶室门外不得载人站人。

（3）装载时应低速进行，不得将铲斗高速猛冲插入料堆的方式装料。铲挖时铲斗切入不宜过深，一般控制在 15 ~ 20cm 为宜。

（4）在斜坡路上停车，不应踩离合器，而应使用制动踏板。

（5）停机时应停放在平坦、坚实的地面上，不妨碍其他车辆通行的地方，并将铲斗落地。

5. 振动碾司机安全技能要求

（1）在振动碾发动机没有熄火、碾轮无支垫、三角止滑木的情况下，严禁在机身下进行检修和从事润滑、调整和维修等其他工作。

（2）振动碾应停放在平坦、坚实并对交通及施工作业无妨碍的地方。停放在坡道上时，前后轮应垫稳三角止滑木。

（3）为振动碾辅助工作的其他人员，应与司机密切配合，不应在辗轮前方行走或作业，应在辗轮行走的侧面，并应注意振动碾转向。

（4）在行驶作业中，当机上蜂鸣器发生鸣叫时，应立即停车检查，待故障排除后方可继续进行工作。

第十一节 冷冻机工安全知识和技能

一、冷冻机工应掌握的安全知识

1. 作业安全知识

（1）作业人员应经过专业技术培训，经考试合格取得上岗资格证书后方可上岗作业。

（2）开机前，应全面检查机械、电气设备及各部管道应无漏气、漏水和其他异常现象，在确认整个设备完好后，才可按操作程序启动。

（3）运转中应密切注意设备的工作情况，发现异常时，应停机检查。发生意外危险或事故时，应紧急停机处理。

（4）制冷设备充氨气应在宽敞平整的场所进行。充氨气和操作时附近严禁吸烟、电焊和明火。氨气瓶应放置稳当，并将空瓶、实瓶分开。

（5）严禁将氯化钠盐和氯化钙盐混合使用。

（6）氨气瓶应避免曝晒、撞击。氨气瓶与明火的距离一般不小于10m。

（7）冷冻机工应掌握设备的氨气泄漏紧急处理方法和对中毒人员进行急救的办法。

（8）定期检查机械和动力机座的稳固性，保证转动的危险部位设有防护装置。

（9）安全阀、压力表须准确、灵敏、可靠，并按规定定期校验。

（10）作业场所应符合下列要求：

1）作业场所与生活场所分开，作业场所不得住人。

2）有害作业与无害作业分开，高毒作业场所与其他作业场所隔离。

3）设置有效的通风装置；可能突然泄漏大量有毒物品或者易造成急性中毒的作业场所，设置自动报警装置和事故通风设施。

4）高毒作业场所设置应急撤离通道和必要的泄险区。

2．作业安全风险

（1）作业环境风险。

在水利水电施工过程中，夏季浇筑混凝土需要采取温控措施，需要设置制冷系统生产冷风、冷水、冰片等，目前广泛采用氨压机制冷系统。主要存在以下作业环境风险：

1）氨气属于易燃易爆物质，在充、泄氨气过程中或当氨压机系统泄漏的氨气在空气中浓度达到16%～25%时，遇到明火会发生爆炸，因此存在爆炸事故风险。

2）氨气属于有毒物质，在充、泄氨气过程中或当氨压机系统泄漏的氨气在空气中浓度达到0.3%～0.6%时，人呼吸后会窒息、昏迷以至死亡，因此又存在中毒事故风险。

（2）作业工序及相应风险（主要是机械及操作层面）。

1）氨压机及氨气罐属压力容器，且氨压系统管路繁杂，压力表、阀门、管道接头多，稍不注意，容易发生氨气泄漏，造成人员中毒或火灾爆炸事故。

2）按系统管理存在质量缺陷，亦容易发生氨气泄漏，造成人员中毒或火灾爆炸事故。

3）充氨气和泄氨气过程中，局部氨气浓度增高，也容易发生人员中毒或火灾爆炸事故。

（3）常见违章风险分析（主要是人的方面）。

1）违章使用不防爆照明、取暖电气；控制系统、电路存在设计缺陷。

2）防护用具存放不合理；不佩戴防护用品违章操作。

3）不按规定维护、检修设备。

4）不按规定正确检测、维护检测报警装置。

5）违反“严禁烟火”和动火管理规定等，都容易发生人员中毒或火灾爆炸事故。

二、冷冻机工应具备的安全技能

（1）储液器所储氨液应维持在容器容积的1/3～1/2之间，储液量不得超过4/5，不得小于容积的1/3。

（2）修理盛有氨气的容器时，应事先放去其中的氨气，放氨气时，应戴防护手套和防毒面具。

（3）开关氨气瓶阀门时，应站在阀门侧面慢慢操作。如遇瓶阀冻结时，可用温水解冻，严禁用火烘烤。

（4）在检修冷冻机前，应先将机内的氨气抽走。检查完毕以后，应把机内空气抽出。

第十二节　模板工安全知识和技能

一、模板工应掌握的安全知识

（一）作业安全知识

1．木模板加工厂（车间）安全要求

（1）车间厂房与原材料储堆之间的距离不得小于10m。

（2）储堆之间应设有路宽不小于3.5m的消防车道，进出口畅通。

（3）车间内设备与设备之间、设备与墙壁等障碍物之间的距离不得小于2m。

（4）设有水源可靠的消防栓，车间内配有适量的灭火器。

（5）场区入口、加工车间及重要部位应设有醒目的“严禁烟火”等警示标志。

2．木材加工机械安装运行要求

（1）每台设备均装有事故紧急停机单独开关，开关与设备的距离应不大于5m，并设有明显的标志。

（2）刨车的两端应设有高度不低于0.5m，宽度不少于轨道宽2倍的木质防护樯杆。

（3）应配备有锯片防护罩、排屑罩、皮带防护罩等安全防护装置，锯片防护罩底部与工件的间距不应大于20mm，在停止工作时防护罩应全部遮盖住锯片。

3．大型模板加工与安装安全要求

（1）应设有专用吊耳。

（2）应设宽度不小于 0.4m 的操作平台或走道，其临空边缘设有钢制防护栏杆。

（3）高处作业安装模板时，模板的临空面下方应悬挂水平宽度不小于 2m 的安全网，配有足够安全绳。

4．滑模安装使用安全要求

（1）操作平台的宽度不宜小于 0.8m，临空边缘设置防护栏杆，下部悬挂水平防护宽度不小于 2m 的安全网，操作平台上所设的洞孔，应有标志明显的活动盖板。

（2）操作平台应设有联络通信信号装置和供人员上下的设施。

（3）提升人员或物料的简易罐笼与操作平台衔接处，应设有宽度不小于 0.8m 的安全跳板，跳板应设扶手或钢制防护栏杆。

（4）独立建筑物滑模在雷雨季节施工时，应设有避雷装置，接地电阻不宜大于 10Ω。

5．钢模台车使用安全要求

钢模台车的各层应设有宽度不小于 0.5m 的操作平台，平台外围应设有钢制防护栏杆和挡脚板，上下爬梯应有扶手，垂直爬梯应加设护圈。

6．电圆锯使用安全要求

（1）电锯须设专人负责管理，按时检查修理、更换。

（2）使用前，须检查：

1）安全罩、保险挡板、防护装置等是否良好。

2）传动部分是否完整、牢固、可靠。

3）检查锯片（盘），不得有连续缺齿，裂口不得超过 2cm，裂纹尽端必须钻孔裁缝。

4）所锯木料不准有钉子、混凝土结疤、铁屑等物，并检查劈渣和节疤。

（3）操作时，不准戴手套。

（4）锯完的料边不得用手去取，应用木棍推走或停车处理。

（5）操作时精神要集中，锯料时身体不得摆动，速度要缓慢，较大木料需要两人操作时，要密切配合，木料锯出 30cm 后方可接料。

（6）当木料锯到 30cm 左右时，不许用手推料。

7. 电截锯使用安全要求

（1）电截锯须设专人负责管理，按时检查、修理更换。

（2）使用前，须检查：

1）防护挡板、锯片不得有连续缺齿，裂口不得超过 2cm，裂纹尽端必须钻孔裁缝，堆料板必须牢固。

2）木料上不得有钉子、混凝土结疤、铁屑等物。

（3）截料时，要精神集中，应站在锯口侧面，扶料时手距锯口在 15cm 以外。如遇到木料弯曲时，要把弯曲面朝锯口，方可操作。

（4）截长料时，须由两人操作。

（5）锯开动后，遇有异常情况，须立即停车检修。

（6）截锯如有螺栓松动，部件不全，禁止使用。

8. 带锯使用安全要求

（1）带锯必须设专人负责管理和操作，按时检查、修理、更换，其他人不得使用。

（2）开锯前检查：

1）各个部件是否加油，卡子是否牢固，锯条是否需要调整。

2）锯条有无裂口。

3）安全装置是否齐全。

（3）注意圆木上有无铁钉、石子、泥土等物。

（4）操作者精神集中，送料速度要均匀，中途回料要注意，以免锯条脱轮。

（5）带锯在运转中，严禁调整锯卡子或用手拨弄碎料等。

（6）操作台上的电闸、电钮、进尺、手轮非操作人不准乱动。

（7）凡发现在安装上，传动部件等有故障时立即停止使用。

（8）带锯室内禁止闲人逗留。

（9）操作小带锯，上下手要相互配合，不要猛推猛拉。送料人手不能进入台面，接料时手不应超过锯口，锯短料时，应用推棍送料。

9. 磨锯机使用安全要求

（1）拆开成捆的锯条时，应用可靠的方法将锯条压紧，控制放松，以防锯条弹起伤人。

（2）锯条挂架应高于一般人的高度，锯条必须挂牢，挂架必须紧固。

（3）锯条放入挂架时，锯齿面应向上，取、放、翻锯条时应注意前后，以免伤人。

（4）往下放砂轮挫锯时，人不准对着砂轮，砂轮应有防护罩，要戴防护镜，操作时应站在砂轮侧面。

（5）压锯条时，应将锯条压匀，注意有无裂口。

（6）接条锯时，必须结合严密，接头部分不许少牙，接头要光滑均匀，厚薄一致。

（二）作业安全风险

（1）作业环境风险。

在水利水电施工过程中，大坝、厂房、泄洪建筑物、通航建筑物、护坡及辅助设施等建筑物钢筋混凝浇筑，均需使用模板，主要存在以下作业环境风险：

1）物体打击伤害风险：在水利水电工程建筑物施工过程中，常常需要交叉多层作业，如果施工组织不合理、防护措施不当，在交叉多层作业时，很容易发生上层作业物料坠落或起吊物料坠落伤害下层作业人员。

2）作业现场供电线路或使用电动机具漏电引发触电事故。

（2）作业工序及相应风险。

作业工序风险主要体现在：模板支撑体系强度、刚度不够或基础沉陷引发垂直坍塌或局部垮塌伤害事故。

（3）常见违章风险分析。

1）模板堆码过高、不齐导致散落、倾倒引发压砸伤害事故。

2）人工搬运或吊运模板失稳、晃动引发跌倒、碰撞伤害事故。

3）临边、孔洞安全防护不当，作业人员在没有防护设施或设施不完善的情况下，不采取双保险措施、不系安全带（绳）而引发坠落事故。

二、模板工应具备的安全技能

1. 模板工一般安全技能要求

（1）用手锯锯开小木料时，应用脚踏牢木料的一端，当锯近末端时应轻拉。

（2）凿眼时，凿把不能过度倾斜，凿柄和木料之间的角度不能太大。

（3）斧头劈削木料时，应防止木料上硬节弹出。

（4）使用斧头或铁锤时应检查木柄，木柄应牢固装紧。

（5）有钉子的木板，应将钉子砸弯或拔出。

（6）工作场所禁止吸烟。

（7）操作电刨电锯等电动机具前，应先对绝缘进行检查，绝缘应良好，防护装置应齐备、有效，机件连接应牢固可靠，冷却水管应通畅。经检查试车合格后，方可正式操作。

2. 模板及材料运输安全技能要求

（1）搬运前，应根据实际情况选择合适的交通路线，并检查沿路路况，沿路应无障碍物。

（2）搬运模板及模板构件，应放在指定的地点并码放整齐，在脚手架上放料应均匀摆开，不得超过负荷。

（3）使用平（拖）车搬运大（特种定型）模板时，应对模板进行可靠的固定，若有三超时应事先检查交通线路做好沿线的安全工作。

3. 模板安装安全技能要求

（1）作业前应检查模板、支撑等构件，模板、支撑等构件应符合安全要求，钢模板应无严重锈蚀和变形，木模板及支撑材质应合格。

（2）支模应按工序进行，模板没有固定前，不得进行下道工序。

（3）作业时，木工工具应放在工具袋或工具套中，上下传递应用绳子吊送，不得抛掷。

（4）起吊模板前，应检查模板结构，模板结构应牢固。起吊时，应经专人指挥。

（5）严禁在悬吊模板和高空独木上行走，不得在模板拉杆和支撑上攀爬。

（6）不得使用不合格的材料。顶撑应垂直，底端平整坚实，并加垫木。木楔应钉牢，并用横顺拉杆和剪刀撑固定。

（7）基础及地下工程模板安装时，应检查基坑边坡的稳定情况，应无裂缝或塌方的危险，基坑上口边沿 1m 以内不得堆放模板及材料；向槽（坑）内运送模板等构件时，严禁抛掷。上下平台应设梯子，模板材料应平放，不得靠立在槽（坑）边上，分段支模时，应随时加固。

（8）模板的立柱顶撑应设牢固的拉杆，不得与不牢靠的临时物件相连接，模板安装过程中不得间歇，柱头、搭头、立柱顶撑、拉杆等应安装牢固成整体后，作业人员才可离开。

（9）立柱支模时，每根立柱、斜拉杆及水平拉杆的接头不应超过两个。采用双层支柱时，应先将下层固定后再支上层，上下应垂直对正，并加斜撑。

（10）支立柱子模板时，应随立随用，并采用双面斜撑固定。组装立柱模板时，四周应设牢固支撑，如柱模在 6m 以上，应将几个柱模连成整体。支设独立梁模应搭设临时操作平台，不得站在柱模上操作和在主梁底模上行走和立侧模。

（11）支立圈梁、阳台、挑檐、雨罩模板时，其支柱斜撑均应支实，拉杆应牢固，应设立脚手架和作业平台，操作人员应挂牢安全带。

（12）楼板预留孔洞应加盖板，或挂安全网，并设警示标志。

（13）使用桁架支模和吊模时应严格检查，发现严重变形、螺栓松动等应及时修复。

4. 模板拆除安全技能要求

（1）模板的拆除，应按分段分层从一端退拆。

（2）模板拆除时，应先拆非承重模板，后拆承重的模板及支撑；在拆除小钢模板组成的顶板模板时不得将支柱全部拆除后，一次性拉拽拆除。已拆活动的模板应一次性连续拆完，方可停歇，完工前，不得留下松动和悬挂的模板。

（3）拆支柱模板时应先拆板柱模板，后拆梁的支柱模板。拆除时不得硬撬、硬砸，不应采用大面积同时撬落。

（4）拆模作业时，应设警戒区，严禁下方有人进入。拆模作业人员应站在平稳牢固的地方，保持自身平衡，不得猛撬。

（5）拆除梁、桁架等预制构件模板时，应随拆随加顶撑支牢。

（6）拆下的模板应用溜槽或拉绳缓慢溜放，并及时清理。

（7）吊运大型整体模板时，应拴结牢固，且吊点平衡；吊装、运输大型模板时，应用卡环连接，就位后应拉接牢固稳定可靠后，方可拆除吊环。

（8）拆电梯井及大型孔洞模板时，下层应设置安全网等防坠落措施，并设警戒人员。

5．木模板操作安全技能要求

（1）支、拆模板时，不应在同一垂直面内立体作业。无法避免立体作业时，应设置专项安全防护设施。

（2）高处、复杂结构模板的安装与拆除，应按施工组织设计要求进行，应有安全措施。

（3）上下传送模板，应采用运输工具或用绳子系牢后升降，不得随意抛掷。

（4）模板不得支撑在脚手架上。

（5）支模过程中，如需中途停歇，应将支撑、搭头、柱头板等连接牢固。拆模间歇时，应将已活动的模板、支撑等拆除运走并妥善放置，以防扶空、踏空导致事故。

（6）模板上如有预留孔（洞），安装完毕后应将孔（洞）口盖好。混凝土构筑物上的预留孔（洞），应在拆模后盖好孔（洞）口。

（7）模板拉条不应弯曲，拉条直径不小于14mm，拉条与锚环应焊接牢固；割除外露螺杆、钢筋头时，不得任其自由下落，应采取安全措施。

（8）混凝土浇筑过程中，应设专人负责检查、维护模板，发现变形走样，应立即调整、加固。

（9）高处拆模时，应有专人指挥，并标出危险区。应实行安全警戒，暂停交通。

（10）拆除模板时，严禁操作人员站在正拆除的模板上。

6．钢模板操作安全技能要求

（1）对拉螺栓拧入螺帽的丝扣应有足够长度，两侧墙面模板上的对拉螺栓孔应平直相对，穿插螺栓时，不得斜拉硬顶。

（2）钢模板应边安装边找正，找正时不得用铁锤猛敲或撬棍硬撬。

（3）高处作业时，连接件应放在箱盒或工具袋中，严禁散放。扳手等工具应用绳索系挂在身上，以免掉落伤人。

（4）组合钢模板装拆时，上下应有人接应，钢模板及配件应随装拆随转运，严禁从高处扔下。中途停歇时，应把活动件放置稳妥，防止坠落。

（5）散放的钢模板，应用箱架集装吊运，不得任意堆捆起吊。

（6）用铰链组装的定型钢模板，定位后应安装全部插销、顶撑等连接件。

7. 大模板操作安全技能要求

（1）各种类型的大模板，应按设计制作，每块大模板上应设有操作平台、上下梯道、防护栏杆以及存放小型工具和螺栓的工具箱。

（2）放置大模板前，应进行场内清理。长期存放应用绳索或拉杆连接牢固。

（3）未加支撑或自稳角不足的大模板，不得倚靠在其他模板或构件上，应卧倒平放。

（4）大模板安装就位后，应焊牢拉杆、固定支撑。未就位固定前，不得摘钩，摘钩后不得再行撬动；如需调整撬动时，应重新固定。

（5）拆除大模板，应先挂好吊钩，然后拆除拉条和连接件。拆模时，不得在大模板或平台上存放其他物件。

8．滑动模板操作安全技能要求

（1）滑升机具和操作平台应按照施工设计的要求进行安装。平台四周应有防护栏杆和安全网。

（2）操作平台应设置消防、通信和供人上下的设施，雷雨季节应设置避雷装置。

（3）操作平台上的施工荷载应均匀对称，严禁超载。

（4）施工电梯，应安装柔性安全卡、限位开关等安全装置，并规定上下联络信号。

（5）施工电梯与操作平台衔接处，应设安全跳板，跳板应设扶手或栏杆。

（6）滑升过程中，应每班检查并调整水平、垂直偏差，防止平台扭转和水平位移。应遵守设计规定的滑升速度与脱模时间。

（7）模板拆除应均匀对称，拆下的模板、设备应用绳索吊运至指定地点。

（8）冬季施工采用蒸汽养护时，蒸汽管路应有安全隔离设施。暖棚内严禁明火取暖。

（9）液压系统如出现泄露时，应停车检修。

9．钢模台车操作安全技能要求

（1）钢模台车的各层工作平台，应设防护栏杆，平台四周应设挡脚板，上下爬梯应有扶手，垂直爬梯应加护圈。

（2）在有坡度的轨道上使用时，台车应配置灵敏、可靠的制动（刹车）装置。

（3）台车行走前，应清除轨道上及其周围的障碍物，台车行走时应有人监护。

第十三节 钻工安全知识和技能

一、钻工应掌握的安全知识

（一）作业安全知识

1．风动凿岩钻机使用安全技能要求

（1）风动凿岩钻机的使用条件：风压宜为0.5～0.6MPa，风压不得小于0.4MPa；水压应符合要求；压缩空气应干燥；水应用洁净的软水。

（2）使用前，应检查风、水管，不得有漏水、漏气现象，并应采用压缩空气吹出风管内的水分和杂物。

（3）使用前，应向自动注油器注入润滑油，不得无油作业。

（4）将钎尾插入凿岩钻机机头，用手顺时针应能够转动钎子，如有卡塞现象，应排除后开钻。

（5）开钻前，应检查作业面，周围石质应无松动，场地应清理干净。

（6）在深坑、沟槽、隧道、洞室施工时，应根据地质和施工要求，设置边坡、顶撑或固壁支护等安全措施，并应随时检查，防止发生冒顶塌方事故。

（7）严禁在废炮眼上钻孔和骑马式操作，钻孔时，钻杆与钻孔中心线应保持一致。

（8）风、水管不得缠绕、打结，不得受各种车辆辗压。不应用弯折风管的方法停止供气。

（9）开钻时，应先开风、后开水；停钻后，应先关水、后关风；并应保持水压低于风压，不得让水倒流入凿岩钻机气缸内部。

（10）开孔时，应慢速运转，不得用手、脚去挡钎头。应待孔深达 10 ~ 15mm 后再逐渐转入全速运转。退钎时，应缓慢拔出，若岩粉较多，应强力吹孔。

（11）运转中，当遇卡钎或转速减慢时，应立即减少轴向推力；当钎杆仍不转时，应立即停机排除故障。

（12）使用手持式凿岩钻机垂直向下作业时，体重不得全部压在凿岩钻机上，防止钎杆断裂伤人。凿岩钻机向上方作业时，应保持作业方向并防止钎杆突然折断。不得长时间全速空转。

（13）当钻孔深度达 2m 以上时，应先采用短钎杆钻孔，待钻到 1.0 ~ 1.3m 深度后，再换用长钎杆钻孔。

（14）在离地 3m 以上或边坡上作业时，必须系好安全带。不得在山坡上拖拉风管，当需要拖拉时，应先通知坡下的作业人员撤离。

（15）洞室等通风条件差的作业面必须采用湿式作业。在缺乏水源或不适合湿式作业的地方作业时，应采取防尘措施。

（16）严禁在装药区域钻孔。

（17）夜间或洞室内作业时，应有足够的照明。洞室施工应有良好的通风措施。

（18）作业后，应关闭水管阀门，卸掉水管，进行空运转，吹净机内残存水滴，再关闭风管阀门。

2. 潜孔钻机使用安全技能要求

（1）使用前，应检查风动马达转动的灵活性，清除钻机作业范围内及行走路面上的障碍物，并应检查路面的通过能力。

（2）作业前，应检查钻具、推进机构、电气系统、压气系统、风管及防尘装置等，确认完好后方可使用。

（3）作业时，应先开动吸尘机，随时观察冲击器的声响及机械运转情况，如发现异常，应立即停机检查，并排除故障。

（4）开钻时，应供给充足的水量，减少粉尘飞扬。作业中，应随时观察排粉情况，尤其是钻下向孔时，应加强吹洗，必要时应提钻强吹。

（5）钻进中，不得反转电动机或回转减速器，应避免钻杆脱扣。

（6）加接钻杆前，应将钻杆中心孔吹洗干净，避免污物进入冲击器。对不符合规格或磨损严重的钻杆不得使用，已断在孔内的钻杆，应采用专用工具取出。

（7）钻机短时间停止工作时，应供应少量压缩空气，防止岩粉侵入冲击器；若较长时间停钻，应将冲击器提离孔底 1 ~ 2m 并加以固定。

（8）钻头磨钝应立即更换，换上的钻头的直径不得大于原钻头的直径。

（9）钻孔时，如发现钻杆不前进且不停跳动，应将冲击器拔出孔外检查；当发现钻头掉下硬质合金片时，对小块碎片应采用压缩空气强行吹出，对大块碎片可采用小于孔径的杆件，利用黄泥或沥青将合金片从孔中粘出。

（10）发生卡钻时，应立即减小轴推力，加强回转和冲洗，使之逐步趋于正常。如严重卡钻，必须立即停机，用工具外加扭力和拉力，使钻具回转松动，然后边送风边提钻，直至恢复正常。

（11）在正常作业中，当风路气压低于 0.35MPa 时，应停机检查。

（12）应经常调整推进机构钢丝绳的松紧程度，以及提升滑轮组上、下行程开关工作的可靠程度。不能正确动作时，应及时修复。

（13）作业中，应随时检查运动件的润滑情况，不得缺油。

（14）钻机移位时，应调整好滑架和钻臂，保持机体平衡。

（15）作业完毕后，应将钻机停放在安全地带，并进行清洗、润滑。

3. 电动凿岩钻机使用安全技能要求

（1）启动前，应检查全部机构及电气部分，并应重点检查漏电保护器，各控制器应处于零位；各连接螺栓应紧固；各传动机构的摩擦面应润滑良好。确认正常后，方可通电。

（2）通电后，钎头应顺时针方向旋转；当转向不对时，应倒相更正。

（3）电缆线不得敷设在水中或在金属管道上通过。施工现场应设标志，严禁机械、车辆等在电缆上通过。

（4）空载运转正常后，应按规定程序装上钎杆、钎头、接通水管，方可开眼钻孔。

（5）钻机正转与反转、前进与后退，都应待主传动电动机或回转电动机完全停止后，方可换向。

（6）钻孔时，当突然卡钎停钻或钎杆弯曲，应立即松开离合器，退回钻机。若遇局部硬岩层时，可操纵离合器缓慢推动，或变更转速和推进量。

（7）钻孔时，应在推进结束前迅速拨开离合器，避免超过行程使钻机受损。

（8）作业中，如发生异响，应立即停机检查。

（9）移动钻机应有专人指挥。移动时，应把钻具提到一定高度并固定。移动后，机身应摆平，不得倾斜作业。

（10）作业后，应擦净尘土、油污，妥善保管在干燥地点，防止电动机受潮。

（二）作业安全风险

（1）作业环境风险。

在水利水电施工过程中，土石方开挖、石方爆破、施工支护、地基与基础工程作业中，均会采用各种钻机设备，主要存在以下作业环境风险：

1）机械伤害风险：钻机转动的部位比较多，如果防护不到位，作业人员的安全意识淡薄，则很容易发生机械伤害事故。

2）噪声危害风险：部分钻机在运行时会产生分贝较高的噪声，噪声强度较大，特别是在土石开挖时用到的风动凿岩钻机、潜孔钻机等，噪声往往会高达 100dB 以上，钻工及作业人员如果不采取佩戴隔音耳塞等个体防护措施，会受到噪声危害，严重的会导致噪声性耳聋。

3）粉尘危害风险：在土石方开挖、石方爆破、施工支护作业中，会用到手风钻、风动凿岩钻机、潜孔钻机等，如果没有采取有效的防尘措施，粉尘浓度就会超标，作业人员在不正确使用防尘口罩等防护用品的情况下进行作业，粉尘危害比较大，长期下去就会导致尘肺病。

（2）作业工序及相应风险。

1）高处坠落风险：在高边坡支护、开挖、爆破等施工过程中，如果现场防护不到位，钻工违章作业，均易导致高处坠落事故的发生。

2）物体打击风险：钻工在洞室、高边坡等特殊环境中作业，如果不采取有效的防护、警戒措施，处理不当，就会发生岩石坠落、塌方事故。

3）其他风险：采用风动的钻机设备中，如果对空压机、风管、储气罐进行的安装、检查、维护不当，则会造成高压气体泄漏，风管破裂，接头脱落等，造成危害。

（3）常见违章风险分析。

1）由于钻工穿着不规范（如肥大的衣裤、夏天不扣或不正确扣衣纽扣、冬季穿大衣等）、女工留长发且不将头发卷入工作帽内、不正确使用安全带等，均易被卷入钻机转动的钻杆、钻头而发生机械伤害事故。作业人员不正确佩戴防尘口罩、隔音耳塞，是较常见的违章，这也是导致劳动者患职业病的主要原因。

2）机械伤害、噪声危害、粉尘危害是钻工的主要风险。

二、钻工应具备的安全技能

1．潜孔钻工安全技能要求

（1）放炮前应将设备撤退到指定的安全地点避炮，必要时加以遮盖进行防护。放炮后应及时对设备进行全面检查。

（2）遇到六级以上大风时，不准上滑架。严禁乘坐回转机构上下滑架。

（3）孔口有人工作时，严禁向冲击器送风。拆装钻头时，应关闭回转提升机构。

（4）对传动部位的清扫、注油修理等工作，都应在停机的状态下进行。

（5）应经常检查风水管接头是否牢固，有无跑风，漏水现象，以防脱节伤人。

（6）当钻机整机移位时，随机移动的电缆确需穿越车行过道的，应将电缆穿套绝缘皮套管后嵌入槽沟内进行保护以免发生触电事故。

（7）钻机的工作地面应平坦，当在倾斜地面工作时，履带板下方应用楔形块塞紧。严禁在斜坡上横向钻孔作业。

（8）夜间作业中，如发生照明故障，应立即停机，并切断工作电源，待修复后方可继续工作。

（9）开机前应充分做好以下各项准备工作：

1）要对钻机的滑架滑板、连接螺丝、拉杆连接、回转机构、齿轮传动、轴承压盖、空心主轴、提升推进机构、钢丝绳、制动器、离合器、行走机构、传动皮带、链条、履带板、钻杆接头、冲击器、钻头、除尘装置、电缆及其他电气元部件等各部位的操作机构进行全面仔细地检查，使操作系统灵敏、完好，运转系统牢固可靠、工作有效。

2）润滑部位应加注润滑油（脂）。

3）接通电源，电压变动范围不超过额定值的 –5% ~ +10%。

4）接好风管，风压应达到 490 ~ 588kPa。

5）进行湿式作业时，应接好水管，其压力应等于或大于风压。管路无渗漏现象。

6）安全用具、工具、易损部件和辅助材料准备齐全。

（10）凿岩作业时，应先开动吸尘机。随时观察冲击器的声响及机械运转情况，如发现异常，应立即停机检查，并排除故障。

（11）开钻时，应有充足的水量，减少粉尘飞扬和对环境的污染。作业中，应随时观察排粉情况，尤其是钻下向孔时，应加强吹洗，必要时应提钻强吹。有收尘装置的集尘袋应及时清理，破损时应更新，以防止部分粉尘的泄漏。作业人员应佩戴口罩、面罩等劳保防护用具。

（12）当气压低于 392kPa 时，应停止钻孔。

（13）钻进中不得反转电动机或回转减速器，应避免钻杆突然脱扣。

（14）应经常注意调整推进机构钢丝绳的松紧程度，钢丝绳应排列整齐无挤压现象，绳头牢固。注意检查提升滑轮组和提升推进器上、下行程开关工作的可靠程度，以免电机发生过载或拉断钢丝绳等事故。滑架摆动严重时，应减小轴压。

（15）钻机行走应符合下列安全要求：

1）行走机构各部传动灵活可靠，履带板，履带销连接完好。

2）路面宽度不应小于 3.5m，弯道半径不应小于 4m。最大爬行坡度不应超过 15°。

3）行走距离超过 300m 或横跨道路上空的障碍物有碍通行时，应放平滑架和钻臂，保持机体平稳。

4）在未放平滑架而作较长距离行走时，应拆掉风管、水管，接通行走电机电源。

5）行走时要有专人指挥，做好上下联络，车后人员应拉好电缆和风、水管路。

6）转向时，不应急转向。在松软路面作大角度转向时，应铺垫木板，以免陷车或脱轨。遇转向困难时，不可强行硬扭。

2．风钻工安全技能要求

（1）操作人员应了解凿岩钻机的构造和性能，并熟悉操作和保养规程，掌握操作技能。

（2）凿岩工作应使用捕尘器或采取湿式作业。为防止部分粉尘的泄漏，作业人员应该佩戴口罩、面罩等劳动防护用具。

（3）开钻前应检查凿岩钻机各部件是否松动，准备好所用的工（器）具。

（4）应选择长短适应的钎杆，并检查是否有弯曲，中心孔应不偏斜无堵塞。

（5）风管与风钻对接时，应先将管内脏物吹净，再行连接。

（6）钻孔开孔时，风门应开小，把钎人员应戴防护眼镜。

（7）开钻时，检查周围有无不稳定的岩石，操作人员两脚应前后侧身站稳，防止断钎伤人。

（8）钻孔时，手不能离开钻机风门。

（9）钻水平孔时，严禁用胸部顶住风钻。钻孔前面不应站人。

（10）在孔深 1.2m 以上，应备有长短钎和采用长短钎配套交替进行使用，不应采取一根长钎一次钻够深度的钻孔方法。

（11）严禁在旧孔上重新钻孔。

（12）更换钢钎时，要关闭风水阀门，防止钻机转动。

（13）风水管穿过交通通道时，应挖小沟，把管放在沟中盖好，以防压坏。

（14）在山坡上拉风管时，要注意山下的人和机械等，以免石块滚下砸伤。

（15）钻机停止工作时，应先将风水总阀门关闭，然后再卸风水管。

（16）钻孔完毕，所有机具、风水胶管要放到安全地方，以免被爆破飞石砸坏。

（17）吹炮孔时，吹风管应用转心阀门，并注意前后左右是否有人。严禁采用对折风管停风的方法吹孔。

（18）当使用钻机支架时（如立式或横式移动台车等）。若钎杆和钻机前进方向不一致，应加以调整。

（19）气动支架应支牢固，工作时不应滑动。

（20）要随时注意顶板岩石因断层破碎及地下水、岩石发育各种因素而造成的不稳定情况，如发现异常现象，应立即退出。

（21）在高处打钻作业时，作业人员应对搭设的脚手架、作业平台整体稳固性进行安全检查。

（22）停钻、撤钻或向前移动气腿时，先关风门，同时应防止卡手。拔钎时应注意左右、后边的人员，以免伤人。

（23）发现瞎炮，禁止强拉导火线和随意处理，应及时通知炮工或相关人员处理。

3. 凿岩台车操作安全技能要求

（1）前进道路上，事先应清理场地，排除一切障碍物，台车才能进入工作面。

（2）前进或退出，要有专人指挥，统一信号，台车与牵引车司机应密切配合，行车速度应缓慢，防止台车倾倒。

（3）电气部分发生故障，应由专职电工进行检修。

（4）最高行走速度不得超过 10km/h，最大爬行坡度不得超过

14%（1∶7）。车辆下坡时，应用低速挡行驶，严禁空挡溜滑车。

（5）检查轮胎气压，臂系统、脚制动器是否可靠灵敏，以及电缆支架插销是否拴牢。

（6）牵引车行驶前，制动气压应达到490kPa以上，松开制动闸后才能起步，不准在制动器系统故障情况下运行。

（7）在凿岩或升降平台上作业时，台车应张开支腿固定，不应移动机体。

（8）移动钻臂时，应先退回导杆，使顶点离开工作面。钻臂下不应站人。

（9）作业前应先将周围及顶部松碎岩石撬挖干净，裂隙及松散部位，应采取措施，以防落石、塌方。

（10）检查风水管路有无堵塞，接头处是否严密可靠，冲洗后，将水软管接至台车上。

（11）按通油泵空气开关、起动油泵及空压机，其自动卸荷压力应调至686kPa，检查油泵、电机空转、电流是否正常。

（12）要合理划分各臂的作业区域，严禁两臂在一条垂直线上同时工作。

（13）严禁在岩石破碎、裂隙、残孔等处钻孔。

（14）作业时应经常观察各信号灯和压力表指示，分析岩石变化及钎运转情况，严防卡钎或钻杆扭曲。防止油管缠结或脱落受损。

（15）更换钎头时，应将钎杆轻轻顶在岩石上。

（16）凿岩钻机停机、保养应遵守以下要求：

1）凿岩作业完成后，收回凿岩钻机、推进器和臂杆系统，做好拖牵前的各项准备。

2）断开电源，收回电缆。拆除冲洗水软管。

3）发动机怠速运转数分钟，使其温度稍降后，方可熄火。

4）对臂系统及推进器滑面进行清洁、加油润滑，并检查其定位压力是否正常。

5）检查电缆和外露部分是否破损、漏电。

6）检查各连接部位，紧固各连接螺栓。

7）按规定对各润滑部位进行润滑，及时添加或更换油料。

第十四节　施工机械修理工（含汽车）安全知识和技能

一、施工机械修理工（含汽车）应掌握的安全知识

1．作业安全知识

（1）应经专业培训，并经考试合格取证后方可上岗操作。

（2）机械解体作业时，应在平坦坚实的地面进行，各部件应架稳垫牢，回转机构应锁定卡死。

（3）工作前应检查燃油、润滑油、液压油等符合规定，各系统管路无泄漏，各部机件无脱落、松动或变形；各操纵杆和制动踏板的行程、履带的松紧度或轮胎气压应符合要求；设备的前后灯应工作正常。

（4）作业场所内不得存放燃油等易燃物料。

（5）严禁使用不合格的工具。

（6）使用电气工具（如电钻）如应戴绝缘手套。

（7）严禁在汽油附近进行使用砂轮等动火作业。

（8）严禁用嘴吸取汽油和防冻液。

（9）检修有毒、易燃、易爆设备或容器时，应严格清洗并通风。

2．作业安全风险

（1）作业环境风险。

在水利水电施工过程中，施工机械种类繁多，使用量较大，主要包括土石方机械、砂石料生产机械、混凝土生产机械、混凝土浇筑机械、运输机械、起重机械、木工机械、钢筋加工机械、金属结构制作机械、基础处理机械等，施工机械修理主要存在以下作业环境风险：

水利水电施工作业地处野外，地理环境条件复杂，施工机械在现场发生事故，往往需要抢修抢运，因此，事故风险较大。

（2）作业工序及相应风险（主要是机械及操作层面）。

1）对于大型施工机械，在修理过程中容易发生坍塌或失稳倾翻事故风险。

2）此外还易发生起重伤害、高处坠落、灼烫、火灾等事故风险。

（3）常见违章风险分析（主要是人的方面）。

由于人的因素违章从事施工机械修理作业，容易发生坍塌、起重伤害、机械伤害、高处坠落、物体打击、灼烫、触电等事故风险。

二、施工机械修理工（含汽车）应具备的安全技能

1. 施工机械修理工安全技能要求

（1）工作环境应清洁整齐，通风良好，零配件、工件堆放整齐有序，通道畅通，车间内严禁吸烟。

（2）清洗用油的容器应加盖，在指定地点存放，废油、汽油等应及时处理。

（3）修理车辆，机械解体作业时，应在平坦坚实的地面上进行，各部件应架稳垫牢，回转机构应锁定卡死。

（4）重心高或易滚动的工件，应采取稳固措施。

（5）严禁使用不合格的工具。凿、冲类工具应刃口完整、锐利，无裂纹，无毛刺，尾部不得热处理淬硬；出现卷边应及时处理。抡大锤时甩转方向不得有人，锉刀、刮刀应装有木柄，不得用

嘴吹除金属碎屑；使用刮刀应缓慢用力。

（6）使用电器设备应检查插座、电线、开关，应正确接入。应保持电源线及电器设备清洁。

（7）使用电钻应戴绝缘手套，启动后再接触工件，钻斜孔应防滑钻，操作时可使用加压杆，严禁以身体重量助压。

（8）严禁在砂轮上磨笨重、不规则的物体。磨削时人不得站立在砂轮的正前方，砂轮与支架间隙应调整适当，不得过大，不使用磨损超过规定值和周边有缺口的砂轮。

（9）严禁在汽油附近进行锤击和使用砂轮。

（10）严禁明火取暖，用油料清洗机件时严禁吸烟。不得清洗尚在散发热量的机件，应待充分冷却后清洗。清洗车辆应先切断和移走电源。清洗作业中不得使用钢丝刷并防止机件间相互碰击。

（11）不应在车辆翼子板、车体、发动机罩等处任意摆放工具。

（12）严禁用手直接拨动差速器、变速器等机构内部的齿轮和将手指伸进钢板弹簧座孔等处。

（13）机械拆卸前应先将外部泥土和油污洗净。

（14）拆卸时应使用合适的工具和专用工具，按总成部件零件顺序从外到内依次拆卸，不得乱敲乱打，拆卸后的零、部件应清洗干净，分类分组存放。

（15）拆装螺丝螺帽，应选用合适的扳手，不得随意用活动扳手和管子钳等。拆卸静配合件应用专用拆卸工具或压力机。

（16）各部分装用的螺栓、垫片、锁片、开口销等应符合技术要求，保证质量。保险垫片等不得重复使用。通用件、标准件、轴承、油封、弹簧等不合标准不得使用，任何不合格部件、零件不得装配，装配前应检查零部件。

（17）处理装配件的程序，一般先内后外，先难后易，先精密后一般，依次进行。

（18）动配合件的摩擦表面应涂上清洁的规格相符的润滑油。

（19）对接合处、密封装置、各管路应保证密封。

（20）凡特殊重要部位如气缸盖、主轴瓦等处的螺栓、螺帽应按规定顺序和力矩分次均匀拧紧。

（21）修复后试运转前，应加足燃油、润滑油、冷却水，检查调整各部位间隙、行程及灵活度。

（22）试车时应随时注意仪表、声响等，发现问题应立即停车处理。

（23）试车前应先空载走合，然后负荷走合，严格遵守设备的操作规程和走合期减载运行的要求，不许超负荷运转。

（24）架空试车时，车辆的前方不应有人，在发动的车辆下面不得从事其他作业。

（25）进入车底作业时，应在方向盘上悬挂有“车下有人，严禁启动”的警示标志；在车辆修毕试车时，遇方向盘上挂有警示标志时，修理期间不得发动车辆。

（26）严禁用各种容器或自流方式向化油器中加注汽油。

（27）检修有毒、易燃、易爆设备或容器时，应严格清洗，将设备置于通风处，使内部残余物质进一步挥发。进入容器作业，应注意通风和使用低压防爆照明，容器外设专人监护，并定时出容器换气休息。

（28）严禁用嘴吸取汽油和防冻液。

（29）车间内不得存放燃油等易燃物料。废油应集中放置指定地点或交仓库回收保管，沾过油料的废棉纱、破布、破手套等应集中放置在有盖的金属容器里并及时妥善处理。

2. 汽车修理工安全技能要求

（1）汽车修理车间内停车，周围应保持不少于 2m 间距。车间外修车不应将车辆停在交通道路、消火栓、油库、上下水道井口等处。

（2）不得在斜坡上停车进行修理。汽车在山区斜坡道上发生故障时，应采取防止溜车、倒车的措施。

（3）修理工作中，支（垫）木、千斤顶应支（垫）稳支好。架空车辆时应用铁凳或方木支垫稳固，顶起时不得两端同时顶起。

（4）严禁只用千斤顶顶在车下进行修理。严禁在松落车身的同时，在车上车下进行修理工作。

（5）在车下作业时发动机应熄火，前后轮应垫楔牢，拉好手刹车。如必须在发动机运转情况下修理时，车上应有人看护操作手柄，严禁车上车下同时进行修理作业。

（6）打开引擎盖进行修理检查时，应把引擎盖支牢。

（7）拆装发动机、变速箱和后桥等大型部件时，首先应了解部件重量，用起重机吊运时不得超载。

（8）修理汽车时，变速杆应放在空挡位置。严禁任何人在司机室摆动起动装置。

（9）在车间内落地走合发动机时，应把废气排到室外，室内严禁吸烟。

（10）使用汽油清洗零件时，严禁吸烟或用明火。工作完毕后应将汽油放在安全地点并将装油容器盖严，挂“严禁烟火”警示标志。

（11）焊补油箱前，油箱应经充分通风后用碱洗净，油箱口应敞开。

（12）搬运和拆装电瓶，应轻拿轻放。蓄电池应安装牢固。

（13）千斤顶应放置在坚实平稳的基础上。若放置在泥地上使用时，应铺垫方木。

（14）千斤顶应按额定承重能力选用，不得超载及超过规定的升起高度。

（15）用两台及两台以上千斤顶同时顶升一个物体时，千斤顶的总起重能力应不小于荷重的两倍。顶升时应由专人统一指挥，确保各千斤顶的顶升速度及受力基本一致。

（16）千斤顶顶升重物时，须掌握重物重心，重物顶起后，应随起随垫，其脱空距离不得超过 5cm。

（17）非修理人员不得随便动用各种机具和电气设备，协助人员应听从修理人员的指挥。

（18）严禁没有车辆驾驶执照的修理人员试车。

第十五节　金属防腐工（含油漆工）安全知识和技能

一、金属防腐工（含油漆工）应掌握的安全知识

1．作业安全知识

掌握消防知识，了解防腐工应熟悉所用材料、机械设备性能，

懂得防火灭火知识。

2．作业安全风险

水利水电施工过程中，大量的设备、金属结构件、管道等需进行防腐处理，防腐处理是一项特殊性、专业性、危险性都很强的作业，它要求作业人员既要掌握一般的施工安全知识，还要对部分化学品的安全使用知识有一定的了解。因防腐作业过程中直接接触使用有毒有害、易燃易爆等化学品较多，且防腐过程中使用带气压的机械设备较为频繁，故在防腐作业过程中存在诸多的安全隐患，作业人员不遵守规章制度和操作规程易在施工中发生事故。综合水利水电防腐施工实际，金属防腐工（含油漆工）在施工过程中主要存在以下风险：

（1）作业环境风险。

防腐工多在室内外及高空作业，施工过程所接触的物料大多有毒有害、易燃易爆。作业中会产生一定的高温、潮湿、环境噪声、烟尘、污染物等。

1）施工现场自然灾害风险：水利水电施工场地，大多处于高山和河流边，雨季容易发生山体塌方、泥石流等自然灾害。部分建筑物、厂房建在回填层上，回填层易发生沉降，使建筑物主体结构受损，影响建筑物的安全使用。

2）粉尘（烟）作业危险风险：部分防腐（油漆）作业在室内或地下厂房内进行，因通风不良，作业人员吸入粉尘、苯、铅等有害物质，对身体可能造成一定的损害。

3）高空作业伤害风险：部分防腐（油漆）作业属高空作业或交叉作业，安全防护措施不到位，易发生高处坠落事故或受其他作业面的伤害。

4）环境噪声风险：金属结构防腐过程中，主要噪声源为空压机、喷涂机等，噪声设备受现场环境作业条件而布置不同，在喷沙、喷丸、喷涂和金属化学防腐中可能产生比较大的噪声强度，防噪隔离措施不好，噪声往往会高达100dB（A）以上，操作人员如果不采取佩戴耳塞等个体防护措施，将受噪声危害。

（2）作业工序及相应风险（主要是机械及操作层面）。

1）配漆过程：金属防腐中使用的油漆或溶剂多数含有铅、苯等有害物质，调配过程如防护措施不当，极易引起职业病或中毒事故。

2）涂漆和喷砂过程：涂漆、喷砂场所如通风不良，防护不到位，易使作业人员发生职业病或中毒事故。

3）除锈过程：喷砂除锈和人工除锈过程中使用的机械设备（空压机、储砂罐、磨光机等）的安全技术状况不良，防护装置缺失、保护装置失效、绝缘受损等易发生机械伤害、触电事故。

4）涂漆过程：高处作业安全防护设施缺失或存在缺陷（临边无栏杆、安全网、孔洞无盖板、排架搭设不规范等）易发生高处坠落事故。

（3）常见违章风险分析（主要是人的方面）。

防腐过程作业人员常出现的违章作业：

1）配漆、涂漆、除锈作业过程中不按规定佩戴各种防护用品（工作服、手套、防毒面罩、防护眼镜等）引起职业病或中毒。

2）防腐施工过程中使用的调合漆、腻子、硝基漆、乙烯剂等化学配料和汽油属易燃品，配漆、涂漆过程违规动火或作业部位存在火源，可能引起火灾或爆炸。

3）喷砂除锈作业中使用的喷砂设备、储砂罐、空压机、角磨机等机械设备使用不当，未按操作规程操作造成机械伤害。

二、金属防腐工（含油漆工）应具备的安全技能

（1）各类油漆和其他易燃、有毒材料，如：油漆、汽油、酒精、松香水、香蕉水等应存放在专用库房及容器内，不应与其他材料混放。少量挥发性油料应装入密闭容器内，妥善保管。库房应设专人管理，严禁烟火，不得住人。库房内应有良好的通风条件，库房外应设置消防器材。

（2）调配油漆、涂料应在通风良好的房间内进行，调配含有铅粉或溶剂挥发浓度较大的有职业危害的油漆、涂料时应戴好防毒口罩、护目镜，穿好与之相适应的个人防护用品。工作完毕应冲洗干净，禁止用汽油和香蕉水洗手。

（3）凡利用正在施工的房屋作油漆配制间时，不应储存大量的原料。料房内的稀释剂和易燃涂料必须放在专用库中妥善保管，切勿放在门口和人经常活动的地方。料房内及附近均不得有火源，并要配备一定的消防设备。

（4）溶剂和油漆在车间的储备量不应超过两天的用量，并且要放在阴凉的地方。汽油和有机化学配料等易燃物品，只能领取当班的用量，用不完时，下班前退回库房，统一保管。

（5）操作有毒性的材料，或使用快干漆等有挥发性的材料，应根据材料毒性，佩戴相应的防护用具，室内保持通风或经常换气。

（6）在洞室或容器内喷涂油漆时，应保持通风良好，油漆作业周围不应有火种。

（7）用钢丝刷、板锉、气动、电动工具清除铁锈、铁鳞时应戴上防护眼镜，避免眼睛受伤。

（8）喷砂除锈时，作业人员应做好个人安全防护，戴好防尘口

罩和防护眼镜。喷砂前，应先起动通风除尘设备，并检查设备各部分是否正常。没有通风除尘设备或通风除尘设备发生故障时，不得进行喷砂工作。开动喷砂机时，应先开压缩空气开关，后开砂子控制器；停机时，应先停砂子控制器，后停压缩空气。喷砂嘴接头应牢固，喷嘴应保持畅通，严禁喷嘴对人，沿喷射方向 30m 范围内不应有人停留和作业，喷嘴堵塞，不得敲打喷砂机，应停机消除压力后，方可进行修理或更换。

（9）喷砂机压缩空气阀要缓慢打开，气压不准超过 0.8MPa。喷砂粒度应与工作要求相适应，砂子应保持干燥。喷砂机工作时，禁止无关人员接近。清扫和调整运转部位时，应停机进行。不准用喷砂机压缩空气吹身上灰尘。工作完成后，喷砂机通风除尘设备应继续运转 5 分钟再关闭，以排出室内灰尘，保持场地清洁。

（10）油漆涂装现场要远离火源，10m 内严禁有焊接、切割、吸烟或点火。严禁在带电设备、配电箱 1m 范围内进行喷涂作业。严禁使用金属棒搅拌油漆。

（11）需油漆、喷漆的工件，应放置稳固，摆放整齐。露天进行喷漆或油刷时，操作者除戴口罩外，应站在上风方向进行工作，以防中毒。在容器内作业，必须采取有效通风措施或戴通风面具。在半封闭的空间内喷涂，应戴供气式头罩或过滤式防毒面具，应有专人监护。作业人员如有头晕、头痛、恶心、呕吐等不适感觉，应立即停止作业。

（12）喷涂法作业时，操作人员不得穿钉鞋、携带火柴、打火机等火种入内。为避免静电集聚引起事故，对罐体涂料应安装接地线装置。在易燃易爆的设备管道上进行除锈和涂刷作业时，禁止用铁器猛打，以防产生火花，造成事故。

（13）在防腐、配漆、涂漆过程浸擦过清油、清漆、桐油或其他有毒易燃漆料、溶剂等的棉丝、丝团、擦手布，不得随便乱丢，作业后应及时清理，运到指定位置存放，以防止因发热引起自燃火灾。防腐、涂漆工作完毕，工件工具要摆放整齐，边角余料、不用的废料应放到指定地点，场地要清理，保持整洁干净。

第十六节 金属结构安装工安全知识和技能

一、金属结构安装工应掌握的安全知识

1．作业安全知识

（1）应经专业培训，并经考试合格取证后方可上岗操作。

（2）使用刨边机、剪板机等设备时，应遵守设备安全操作规程。

（3）作业前，应检查作业用的工具，大冲子及其他承受锤击的工具顶部应无毛刺及伤痕，锤把应无裂纹痕迹、安装应结实。

（4）凿冲钢板时，不得用铁管、铁球、铁棒等做垫块。

（5）进行铲、剁、铆等作业，严禁对着人操作，并应戴好防护眼镜。使用风铲，在作业间歇时，应将铲头取下。噪声超过规定时，应戴防护耳塞。

（6）加热后的材料与工件应定点存放，待冷却后，方可用手搬动。

（7）连接压缩空气管，应先打开气源侧阀门将管内的脏物（油水污物）冲净后再接，气管不得从轨道上方通过。

（8）用桥机翻转材料与工件时，作业人员应离开危险区域。

（9）拼装工件时，不得用手插试螺钉孔，应用尖头穿杆找正，然后穿螺钉。打冲子时，冲子穿出的方向不得站人。

2．作业安全风险

在水利水电施工金属结构安装过程中，水工压力钢管、钢闸门（平板门、弧形门、人字门、拦污栅）及机电设备埋件现场安装时，受施工条件和现场环境的影响，金属结构安装工岗位主要存在以下风险：

（1）作业环境风险。

1）自然灾害风险：水利水电施工场地，大多处于高山和河流处，金结安装工常年处在地下厂房、大坝坝体间从事高空和危险作业，如环境受季节和雨季的影响，产生大风、大雨、洪涝等自然灾害，容易发生伤害事故。

2）高温作业风险：夏季施工作业气温较高，在南方水利水电建设中，有时气温达到40℃左右，特别是在弧形闸门、水工压力钢管等安装中，金结安装工多在场地窄、安装条件复杂的环境中进行，在气温高的环境中从事安装工作容易产生高温疲劳和高处坠落等风险。

3）火灾事故风险：由于金属结构安装多为高处作业，现场搭设有较高的脚手架和工作平台，因电焊、切割时容易造成焊渣、切割边料存留在平台、排架的脚手板上，或因排架上粘有油污、棉布、包装纸等易燃物品未及时清理，容易造成火灾事故。

4）辐射伤害风险：金属结构因工艺质量要求，一般采取超声波、磁力、荧光、着色、涡流探伤等方法对焊接缝进行无损探伤，如钢材有特殊要求的还会采用射线探伤，如果安全防护技术不到位，金属结构人员未撤离现场会导致射线伤害。

5）坍塌事故风险：金属结构安装时，使用的作业平台多为土建协作单位提供的临时作业排架和平台，因使用时间长，排架和平台的设计搭设不合理、腐蚀，或因作业人员较多超重等现象，易造成作业平台和排架坍塌事故发生。

（2）作业工序及相应风险。

1）物体打击伤害风险：在现场安装焊接后使用角向磨光机时产生飞溅，或大小锤、平锤、冲子及其他承受锤击的工具飞出，或高处作业中使用千斤顶、楔子板、大锤、扳手等工器具未采用正确的防护方法等，均会导致物体打击事故发生。

2）高处坠落风险：大型金属结构安装过程中，构件的吊装、定位、调整和焊接均属高处作业，由于不按规定设置爬梯、工作平台（排架）、防护栏杆等，或因爬梯、平台、走道板布置不合理、存在质量缺陷、防护栏杆失修、地面湿滑，或因操作人员违章作业不系安全带，不按正常梯道行走，随意攀爬，或因高处作业下方未设置安全网等原因，均易导致高处坠落事故发生。

3）触电伤害风险：由于安装中使用的设备、工具多为电气设备（如焊机、砂轮机等），现场照明灯线路、动力电缆和焊把线等绝缘破坏，容易导致线路带电发生触电事故。

4）起重伤害风险：金属结构在吊装过程中，现场的安装就位受工艺质量要求精度较高，安装工有时会在狭小的空间作业，因金属结构件重量、体积较大极易对作业人员造成撞击、挤压等起重伤害。

（3）常见违章风险分析。

管理性违章表现在：金属结构安装工未经安全培训，没有制订安装工程方案和安全技术措施，施工前没有进行安全技术交底，或违反规程、规定，越权指挥或强令职工违章、冒险作业等。

操作性违章表现在：

1）在高处作业时不按规定位置存放好工具、工作材料或下脚料未及时清理，或随意抛掷工器具材料等容易造成高空坠物，造成物体打击事故。

2）操作人员不按正常梯道行走，随意攀爬脚手架和安装件，或使用不规范梯子或梯子无防滑措施，容易造成高处坠落事故。

3）在高处作业安装中，安装工忽视使用或未能正确使用安全带，易造成高处坠落事故。

4）在金属结构吊装就位时，安装工因站位不当，或起重指挥失误导致被吊金属结构件摆动，容易造成人员被撞击（挤压）的起重伤害事故。

金属结构安装工的作业风险中，高处坠落、物体打击、起重伤害是金属结构安装工的主要风险，应加以重点防范。

二、金属结构安装工应具备的安全技能

1．金属结构安装工安全技能要求

（1）金属结构件或设备应存放在坚实的基础上，并应垫平放稳。

（2）设备开箱后，应将箱板上的钉子拔出或打弯，并堆放到指

定的地点。构件拼装，应垫平放稳，不得用脚踩撬杠施力。在可能滚动或滑动的物体前方不得站人。

（3）构件或设备吊装到基础就位时，作业人员身体各部位不得探入其接合面，取放垫铁时，手指应放在垫铁的两侧。

（4）构件或设备吊装就位松钩前，应垫实或支撑牢固。

（5）设备组装连接螺栓时，不得用手插螺栓孔，应用尖头穿杆找正，然后穿螺栓。打过眼冲时，冲子穿出的方向不得站人。

（6）施工用的吊篮应牢靠方便，钢丝绳的安全系数应大于14，严禁使用麻绳或尼龙绳作吊绳。

（7）在坑、洞、井内作业应保持通风良好。井口应设保护网，并指定专人看护。

（8）检查密封构件或设备内部时，应使用安全行灯或手电照明，严禁明火照明。

（9）采用压码对缝，使用大锤时，严禁戴手套操作，锤头甩落方向不得站人。

（10）金属结构设备上临时焊接的吊耳、脚踏板、爬梯、栏杆等构件应检查，确认牢固后方可使用。工作中使用的千斤顶及压力架等应拴系或采取其他防坠措施。

（11）闸门在起吊前，应将闸门区格内以及边梁筋板等处的杂物清扫干净。严禁在立起的闸门上徒手攀登。

（12）闸门进行启闭试验时，起吊范围及下方，除测量人员外严禁站人，测量人员也应站在安全的地方。

（13）金属结构设备各转动部分的保护罩不得任意拆除。用酸、碱液体清洗管路时，应穿戴防护用品，酸碱液体应妥善保管，并应明显标识。

（14）液压系统试压时，不得靠近高压管道；泄压时，操作人员应站在泄压阀侧面。

2．闸门与埋件预组装施工安全技能要求

（1）闸门和埋件应摆放平稳、整齐，且支承牢固，不宜叠层堆放，并有人员和起吊设备的通道。

（2）预组装前，应编制组装技术方案，包括组装程序、吊装方案（确定吊装设备、主要器具、地锚的设置和缆风绳的受力计算）以及临时加固支撑方案等，并制定详细的安全技术措施，报主管部门批准后方可实施。各拼装平台基础应牢固，支承结构应稳定可靠。

（3）高空作业、脚手架和作业平台的搭设方案应由技术部门设计、审批，安全部门组织相关部门联合验收，合格后方可使用。

（4）作业区四周应悬挂安全警示标志及有关安全操作规程，严禁无关人员进入施工作业区内。

（5）高空作业排架及行走通道应清理干净，不得随意堆放杂物，防护栏杆及安全网的敷设应符合安全标准。作业区应设置足够的消防器材。

（6）夜间作业应使用低压行灯照明，其他照明设施严禁直接和闸门接触，并接地良好。

（7）雨雪天气条件下进行露天拼装作业场所，应采取相应的防雨雪和防滑措施。

（8）使用的千斤顶、楔子板、大锤、扳手等应妥当放置，严禁通过投掷来传递工具等物，固定好的千斤顶等机具应使用安全绳绑扎牢固。

（9）闸门组装用的连接板、螺栓等小型零件应装于结实的麻包内，使用绳具上下传递，严禁随意堆放在排架板上。

（10）上、下交叉作业时，应搭设安全隔离平台。

（11）闸门预组装时，各部连接螺栓至少应装配1/2以上，并紧固。

（12）装配连接时，严禁将手伸入连接面或探摸螺孔。

（13）闸门在进行连接时工作人员应站在安全的位置，手不得扶在节间或连接板吻合面上。

（14）使用锉刀、铲等工具，不得用力过猛。不得使用有卷边或裂纹的铲削工具，工具上的油污应及时清除。

（15）预组装焊接时，应合理分布焊工作业位置。

（16）焊接作业时，焊条应使用保温桶存放，并使用安全绳将其绑扎牢固。

（17）拆除的包装箱，应及时清理，集中堆放，严禁随地乱放乱弃，箱板上的铁钉、铁条等应进行拔除和打弯处理。

（18）闸门预组后的拆除作业一般应按组装顺序倒序作业。

（19）预组装工作全部结束后，应及时清除地面锚桩、基础预埋件或临时支撑、缆风绳等杂物。

3. 平面闸门安装施工安全技能要求

（1）水封现场粘接作业应按照说明书和作业指导书进行施工，使用模具对接头处固定和加热时，应采取防止烫伤和灼伤的保护措施。

（2）水封接头清洗或粘接用的化学易燃物品，应注意妥善保存，严禁随地泼洒。作业时应远离火源。

（3）水封螺栓孔加工作业时应将水封可靠固定，并在下部垫上木板加以保护，严禁用手脚对钻孔部位进行定位固定。

（4）水封装配时，应使用结实的麻绳捆绑牢固。

（5）滑块等附件吊装，应使用带螺栓固定的吊具，不得直接使用绳具捆绑。

（6）滑块、平压阀座等附件就位时，严禁将手伸进组合面或轴孔内。

4．弧形闸门安装施工安全技能要求

（1）支铰座及支臂安装：

1）安装前，对安装临时悬空作业用的悬挑式钢平台、起吊钢梁以及滑车组、钢丝绳等应进行刚度、强度校核，并经主管技术部门批准，检查验收合格后，方可交付使用。

2）设计固定铰座锚栓架作业平台时，应考虑土建作业荷载平台下悬挂安全网，平台四周布设防护栏杆。

3）吊装固定铰座时，作业人员应在铰座基本靠近锚固螺栓时，才可进入作业部位。调整用的千斤顶应拴挂安全绳。

4）固定铰座穿入螺栓，并将四角的四个螺帽紧固后，才能摘除吊钩。

5）活动、固定铰座孔内壁的错位测量，应在两铰座静止状态下进行，严禁调整过程中用手探摸。

6）支臂、铰座连接螺栓紧固，应按照设计图纸和说明书，遵照施工程序逐步进行，紧固力矩应符合设计要求。

7）支臂吊装前，宜将相互连接的纵向杆件先吊入，卧放于下支臂梁格内，且应可靠固定。

（2）门叶与附件安装：

1）门叶现场安装时，宜遵循从下至上，逐节吊装、组装的顺序，下节门叶没有组装或连接好之前，不得吊装上一节门叶。

2）弧门吊装作业结束后，孔口上部仍有作业时，应在门叶顶部搭设安全隔离平台，设置安全网，并悬挂安全警示标志。

3）侧、顶水封安装作业时，使用的工具（如扳手、千斤顶等）应系安全保险绳。

4）底止水封安装作业，一般应在弧门与启闭机连门后进行。门叶开启离底槛约 1.0m 左右时，停机并对启闭机的锁定状况进行检查，确认无误后，方可开始底止水封的装配作业。

5）底水封作业时，应安排专人监护启闭机，并随时与作业人员保持联系，机房内悬挂安全警示标志，严禁任何人启动。作业人员不得在门叶底部穿行。

5．悬空作业安全技能要求

（1）悬空作业处应有牢靠的立足处，并必须视具体情况，配置防护栏网、栏杆或其他安全设施。

（2）悬空作业所用的索具、脚手板、吊篮、吊笼、平台等设备，均需经过技术鉴定或检证后方可使用。

（3）构件和管道安装时的悬空作业，应遵守下列要求：

1）构件应尽可能在地面组装。

2）悬空安装大模板时，必须站在操作平台上操作。

3）安装管道时必须有已完结构或操作平台为立足点，严禁在安装中的管道上站立和行走。

第十七节　金属结构制作工安全知识和技能

一、金属结构制作工应掌握的安全知识

1. 作业安全知识

（1）作业前，应检查作业用的工具，大小锤、平锤、冲子及其他承受锤击的工具顶部应无毛刺及伤痕，锤把应无裂纹痕迹、安装应结实。

（2）凿冲钢板时，不得用圆形物体（如铁管、铁球、铁棒等）作垫块。

（3）进行铲、剁、铆等作业，严禁对着人操作，并应戴好防护眼镜。使用风铲，在作业间歇时，应将铲头取下。噪声超过规定时，应戴防护耳塞。

（4）加热后的材料与工件应定点存放，待冷却后，方可用手搬动。

（5）连接压缩空气管，应先打开气源侧阀门将管内的脏物（油水污物）冲净后再接，气管不得从轨道上方通过。

（6）用桥机翻转材料与工件时，作业人员应离开危险区域。

（7）拼装工件时，不得用手插试螺钉孔，应用尖头穿杆找正，然后穿螺钉。打冲子时，冲子穿出的方向不得站人。

（8）使用油压机、摩擦压力机、刨边机、剪板机等设备时，应遵守设备安全操作规程。

2．作业安全风险

在水利水电施工金属结构制造加工过程中，水工压力钢管、钢闸门（平板门、弧形门、人字门、拦污栅）及机电设备埋件制作时，根据现场施工条件，可能选择在固定式厂家制作。也可能在施工现场的生产厂区内临时制作。金属结构制作工岗位主要存在以下风险：

（1）作业环境风险。

1）废气（粉尘）危害风险：金属结构制作过程中，因焊接烟尘、切割、打磨或由于厂区、车间排风系统不好，会产生一定的废气，并对人体有一定的伤害。特别是在金属结构件防腐（喷沙、喷丸、喷漆）过程中，会产生大量的粉尘，如果个人不正确佩戴防护用品或使用防护用品不当，因长期和长时间作业，会造成尘肺等职业病伤害。

2）噪声危害风险：金属结构加工过程中，主要噪声源为机械加工过程中产生。如金属切削、切割、钢板校正、打大锤或焊接过程中的碳弧气刨等，由于噪声强度比较大，如果噪声隔离措施不好，往往会高达 90dB（A）以上，操作人员如果不采取佩戴耳塞等个体防护措施，将受噪声危害。

（2）作业工序及相应风险。

1）机械伤害风险：金属结构制作使用大量的机械设备，在操作卷板机、平板机、油压机、剪板机、刨边机、切削机床、钻床等设备时，由于操作人员操作不当、配合失误，容易造成手指被剂伤、剪伤，造成机械伤害事故。

2）触电伤害风险：由于金属结构操作加工中，使用设备、工具多为电气设备（如机械加工设备、焊机等），现场照明灯线路、动力电缆和接把线等绝缘破坏，容易导致线路带电发生触电事故。

3）高处坠落风险：大型金属结构产品在操作中，部件组焊、总装、拆除和防腐等工序中，多属高处作业，由于不按规定设置爬梯、工作平台、防护栏杆等，或因爬梯走道板存在质量缺陷、防护栏杆失修、地面湿滑，均易导致高处坠落事故发生。

4）物体打击伤害风险：在材料矫正、单件和部件组焊后，常使用扁铲、角向磨光机会产生飞溅，或大小锤、平锤、冲子及其他承受锤击的工具飞出，或高处作业中使用千斤顶、楔子板、大锤、扳手等工器具未采用正确的防护方法等，均会导致物体打击事故发生。

5）火灾事故风险：在钢材下料、矫正时一般采用火焰切割、火焰矫正方法，如果氧气、乙炔气管路、烤枪漏气，或制作现场附近存放有易燃物，或作业点与氧气、乙炔气之间的距离较小，或未能采取有效的隔离及消防措施，容易发生火灾，特别是防腐喷涂油漆时，极易因存在火源（吸烟、电气短路）造成火灾风险。

6）辐射伤害风险：金属结构因工艺质量要求，一般采取超声波、磁力、荧光、着色、涡流探伤等方法对焊接缝进行无损探伤，若钢材有特殊要求的还会采用射线探伤，如果安全防护技术不到位，金属结构制作人员未撤离现场会导致射线伤害。

（3）常见违章风险分析。

1）管理性违章：

a）金属结构制作加工设备没有运行、检修规程，或存在的隐患问题不能及时组织消除，导致作业人员在操作和使用设备时产生故障和机械伤害事故的风险。

b）金属结构制作工未经安全培训上岗作业，没有制订安全技术措施和进行安全技术交底，或违反规程、规定越权指挥或强令职工违章、冒险作业等。

2）操作性（作业）违章：

a）在机加工过程中，忽视安全，出现操作错误，如未经许可开动、关停机械设备（油压机、剪板机、切削机床），造成意外伤害事故。

b）在操作钻床和切削机床时，用手代替工具操作，包括用手代替手动工具，用手清除切屑，不用夹具固定，而用手直接拿工件进行机械加工等，造成机械伤害事故。

c）金属结构拼装焊接时，不按规定位置存放工具，工作材料或下角料未及时清理，或随意抛掷工器具材料等容易产生生高空坠物，造成物体打击事故。

d）在必须使用劳动防护用品、用具和作业或场所中，忽视其使用或未能正确使用。如未戴目镜或面罩，未戴防护手套，未穿绝缘鞋，未戴安全帽，未戴呼吸护具，未佩戴安全带，易造成机械、物体打击、触电和高处坠落事故。

e）制作的金属结构件（闸门、钢管瓦片）单件组装和焊接时，因存放不当或拼装时未进行支撑固定，作业人员进入组焊区时不进行观察，组焊件可能出现重心倾倒，易造成物体打击伤害事故。

上述金属结构制作工的作业风险中，机械伤害、物体打击、高处坠落是金属结构制作工的主要风险，应加以重点防范。

二、金属结构制作工应具备的安全技能

1．划线工作安全技能要求

（1）在翻转大型工件时，人应离开翻转范围，不得向转动中的

工件安放垫块，工件堆放应平稳。

（2）重量不均衡的工件，应有配重，否则不可移动。

（3）在工件上划线打样冲时，应将工件固定。

（4）严禁在吊起的工件下面划线。

2．剪床作业安全技能要求

（1）不得剪切淬过火的钢板和超过剪床允许剪切厚度的材料。

（2）剪切时，手指距离刀口不得小于 50mm。

（3）剪切较小的零件时，应用压板螺丝固定。

（4）测量剪切长度，不得将手伸入刀片下。

3．卷板机操作安全技能要求

（1）卷板机开机前，应检查以下事项：

1）电动机地脚螺丝应紧固，升降丝杆应正常。安全防护装置应完好，各转动部位润滑油位正常。

2）传动部位无杂物，上下辊体应平行。

（2）卷板机起动运行应遵守如下要求：

1）运转的声音应正常，板料落位后及机床开动过程中，进出料方向严禁站人。

2）钢板进料，辊体运转应停止。

3）应控制加工钢板厚度，严禁超负荷运行。

4）严禁压滚厚度不均匀的钢板。

5）严禁在辊体上击敲钢板。

6）调整辊体、板料，应停车。

7）使用吊车配合进行较大板弯卷时，应正确选用吊具，吊钩宜保持垂直，避免歪拉斜拽。

8）作业完毕，应切断电源，清除辊体上氧化铁皮。

4．刨边机操作安全技能要求

（1）开车前，机床各部位润滑油应充足，电源开关应灵活；工作台行程内无障碍物，多人操作时应有统一指挥。

（2）调整工件时，应先用手动千斤顶将工件轻轻压紧，调好后再开启油泵，打开总开关阀和各液压千斤顶开关，使液压千斤顶压紧工件，然后将手动千斤顶一一压紧。

（3）加工工件长度，不得超过机床规定范围。

（4）操作人员应戴好防护手套，随时用工具清除切削中的铁屑，不得用手直接清理。

（5）合理选择吃刀量。

（6）作业完毕，应切断电源后对机床、导轨进行清扫，加好润滑油。

5．油压机操作安全技能要求

（1）启动前，应经回油口向泵体内灌满工作油，排出主缸及液压系统中的空气。同时检查各部位连接部分应紧固，电动机旋转方向应符合要求。多人操作时，应有统一指挥。

（2）每班应检查一次所有管接头及密封件，如发现渗漏应及时修复。

（3）设备运行中，不得进行修理及更换工具。

（4）操作人员离开本设备时，应停机并切断电源。

附录

引用标准

《民用爆破器材企业安全管理规程》

《涉氨制冷企业液氨使用专项治理技术指导书（试行）》

《水工金属结构防腐蚀工作管理办法》（水利部2005年7月5日）

《中国防腐蚀资质及安全管理规定（试行）》（中国工业防腐蚀技术协会制定2007年2月10日）

《中华人民共和国道路交通安全法》

《中华人民共和国道路交通安全法实施条例》

《中华人民共和国职业病防治法》

《特种设备安全监察条例》

《中华人民共和国道路交通安全法实施条例》

《民用爆炸物品安全管理条例》（国务院令第466号2006）

《危险化学品安全管理条例》（国务院令第344号2002）

《爆破作业人员安全技术考核标准》

GB 5082《起重吊运指挥信号》

GB 6067《起重机械安全规程》

GB 6720《起重司机安全技术考核标准》

GB 6722《爆破安全规程》

GB 9448《焊接与切割安全》

GB 28009《冷库安全规程》

GB 50072《冷库设计规范》

GB 50194《建设工程施工现场供用电安全规范》

DL 5162《水电水利工程施工安全防护设施技术规范》

DL/T 5172《抽水蓄能电站选点规划编制规范》

DL/T 5370《水电水利工程施工通用安全技术规程》

DL/T 5371《水电水利工程土建施工安全技术规程》

DL/T 5372《水电水利工程金属结构与机电设备安装安全技术规程》

DL/T 5373《水电水利工程施工作业人员安全技术操作规程》

SBJ 12《氨制冷系统安装工程施工及验收规范》

SL 398《水利水电工程施工通用安全技术规程》

SL 401《水利水电工程施工作业人员安全操作规程》

JGJ 33《建筑机械使用安全技术规程》

JGJ 46《施工临时用电安全技术规范》

JGJ 80《建筑施工高处作业安全技术规范》

JGJ 130《建筑施工扣件式钢管脚手架安全技术规范》

TSG D0001《压力管道安全技术监察规程　工业管道》

TSG Q5001《起重机械使用管理规则》